KB154936

주식방문

주식방문

이효지 · 정길자 · 한복려 · 김현숙
유애령 · 최영진 · 김은미 · 차경희 편역

교문사

머리말

《주식방문》은 한글필사본의 음식조리서이다. '주식방문'이라는 제목의 한글음식조리서는 현재 두 권이 전해지고 있다. 하나는 안동김씨 노가재공댁의 유와공 종가 유품이고, 나머지 하나는 국립중앙도서관 소장본이다. 현재 노가재공댁 소장본은 출처만 명확하고, 국립중앙도서관 소장본은 편찬 연대만 정확히 기록되어 있는 상태이다.

노가재공댁의 《주식방문》은 19세기 후반에 기록된 것으로 추정되는 저자 미상의 한글필사본의 음식조리서이다. 표지에 '안동김씨 노가재공댁', '유와공 종가 유품'이라는 묵서가 있어 저자는 명확치 않으나, 안동김씨 노가재공댁의 누군가로 추정된다. 책에는 저술연대에 대한 정보가 전혀 없다. 하지만, 기록된 내용 중 음식물이나 계량도구, 조리동사와 조리부사의 어휘적 특성으로 보아 1800년대 말로 추정된다.

국립중앙도서관 소장본은 역시 한글필사본으로, 저자는 미상이나 표지 오른쪽에 '정미년 이월달에 베김'이라 기록되어 있다. 책을 베껴 쓴 정미년(丁未年)은 1907년으로 추정된다. 기록된 양은 노가재공댁 《주식방문》이 국립중앙도서관 소장본의 두 배 분량이다. 국립중앙도서관 소장본은 전체 내용의 85% 이상이 노가재공댁의 《주식방문》과 동일하여 두 책이 제목뿐만 아니라 내용면에서도 유기적인 관계를 가지고 있는 것으로 판단된다. 하지만 국립중앙도서관 소장본이 노가재공댁의 《주식방문》을 보고 베껴 썼는지는 단정할 수가 없다.

노가재공댁 《주식방문》의 본문 내용은 25장, 즉 50쪽에 걸쳐 음식의 조리법만 기록되어 있는데 총 104종의 음식이 118회이다. 주식류가 11종, 찬물류가 54종, 떡류가 7종, 과정류가 20종, 양념류가 5종, 술 6종과 술을 빚는 데 필요한 서김 1종이 있다. 이중 증편, 고추장, 즙지히, 두텁떡, 동아정과 등 12종은 2회 이상 중복 기록되어 있었다. 본문의 내용은 침채류, 양념류, 찬물류, 과정류, 찬물류, 과정류, 주식류, 찬물류 등으로 기술 순서가 일관되지 않아 필자가 틈틈이 생각나는 대로 기록한 것으로 보인다. 국립중앙도서관본은 총 50종의 음식이 51회 기록되어 있다. 주식류가 6종, 찬물류가 23종, 떡류가 2종, 과정류가 11종, 양념류가 2종, 술이 6종이었다. 이 중 증편과 계탕이 반복되어 있었다. 두 책 모두 과동외지히법, 지금 쓰는 외김치법, 생치김치법, 청장법 순으로 시작하고 있다. 주식류, 찬물류, 병과류의 기록은 중복되나, 각각 기록된 6종의 주류는 완전히 달랐다. 그리고 음청류(飮淸類)에 대한 기록은 둘 다 없었다.

찬물류의 조리법으로 찜류가 비교적 많았고, 식품으로 닭고기를 주재료로 한 음식이 10가지로 가장 많았고, 부재료로도 애용되었다. 노가재공댁본 중 글자가 유실된 '□□계법'은 국립중앙도서관본의 '계탕'과 같은 음식이었는데, 붕어전과 함께 술안주에 좋다고 한 것으로 보아 접빈객을 위한 음식이었음을 알 수 있다. 외를 이용한 침채류는 9종이나 되어 당시 저장용 절임음식의 가장 중요한 재료였던 것으로 추정된다.

노가재공댁본의 표지에 기록된 노가재(老稼齋)는 조선 후기 문인이자 화가였던 김창업(金昌業)이다. 사은사로 청나라에 갈 때에 함께 연경(燕京)에 다녀와 쓴 기행문인 《연행일기(燕行日記)》는 우리나라 연행록 중의 백미로 평가되고 있다. 그 영향인지 《주식방문》에는 북경시시탕, 북경분탕과 같이 청나라에서 경험한 음식이 기록되어 있다. 김창업은 《연행일기》에서는 북경분탕은 우리나라의 국수와 같은 음식으로, 간장을 치고 달걀을 넣은 것인데 북경에서 맛이 가장 좋은 것이라고 하였다. 따라서 북경에서의 시식 경험을 살려 집으로 돌아와서도 기록하고 즐겨 해 먹었던 것으로 생각된다. 또한 청장 송도법, 연약과 수원법 같은 지역에서 이름난 음식의 비법을 기록하였다. 특히 궁중음식과의 교류를 볼 수 있는 음식을 실은 점과 조선시대 반가의 다른 조리서에는 없는 간막이탕이나 냉만두가 기록된 점은 《주식방문》만의 독보적인 의미를 갖게 한다.

본 연구를 위해 노가재공댁 《주식방문》은 한국학중앙연구원에 소장된 마이크로필름을 참고하였는데, 이는 2003년 한국학중앙연구원에서 노가재공댁의 고문헌 자료를 조사할 당시 김이익의 7세손인 김태진(金泰鎭)의 소장하였던 것이다. 국립중앙도서관 소장본의 《주식방문》도 마이크로필름을 참고로 하였다.

우리음식지킴이회는 고문헌을 중심으로 한 한국전통음식문화를 공부하는 모임이다. 옛것을 바로 알아 오늘을 지키며, 다가올 미래에 대한 바른 한국음식문화 전승을 목표로 한다. 그간의 연구로 10여 편의 학술논문과 《시의전서》, 《임원십육지 정조지》, 《부인필지》, 《주방문》, 《음식방문》 등을 현대어로 번역하고 전통음식을 현대적으로 재해석하여 단행본으로 출간한 바 있다. 선조들의 흔적이 묻은 고조리서를 재현할 때마다 전통음식을 연구하는 학자로서의 무거운 책임감을 느낀다. 현대어 번역과 기록된 옛 음식 재현에 많은 노력을 기울이나 부족함이 여전히 많을 줄 안다. 후학과 독자들의 따끔한 질책을 기다리며, 우리음식지킴이회의 연구결과물이 한국전통음식문화의 원형 발굴과 한식 발전에 작은 보탬이 되기를 바란다. 《주식방문》 연구에 도움을 주신 경북대 국어국문학과 백두현 교수님께 감사를 드리며, 책의 출간을 기꺼이 허락해주신 교문사의 류제동 사장님과 꼼꼼한 편집으로 책을 만들어준 편집부 여러분들께도 깊은 감사를 드린다.

2017년 1월

우리음식지킴이회

차례

주식방문 음식재현

주식류

찬물류

떡류

과정류

주식방문 원문과 번역본

—

주식방문 부록

—

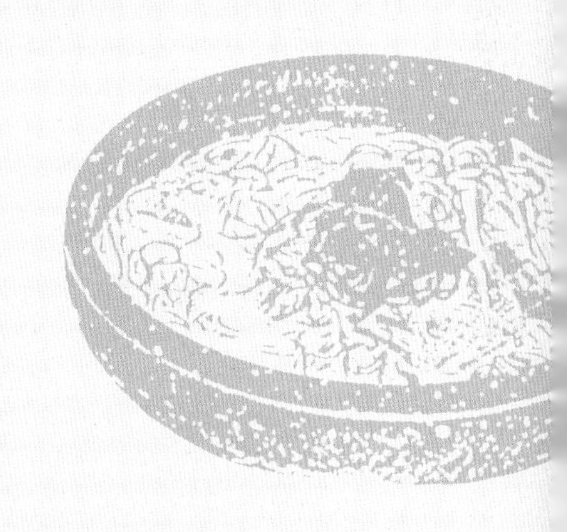

주식방문 음식재현

주식류

찬물류

떡류

과정류

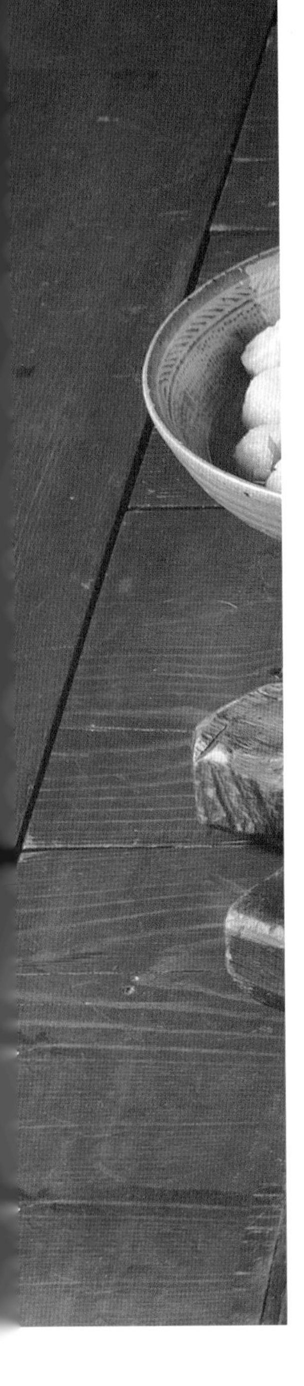

주식류

잣죽 | 대추죽 | 북경분탕
콩국수 | 국수비빔 | 냉면
생치만두 | 양만두 | 냉만두
편수 | 수교의

잣죽

잣죽 뿌ᄂᆞᆫ 법
실잣 ᄒᆞᆫ 되면 ᄇᆡᆨ미 ᄒᆞᆫ 되 ᄃᆞᆷ가다가 붓거든 잣 ᄒᆞᆫ 되ᄅᆞᆯ 갈아 수ᄂᆞ니라

잣죽 쑤는 법
실잣 1되면 백미 1되를 담갔다가 불거든 잣 1되를 갈아 쑨다.

재료 및 분량 | 4인분 기준 |

멥쌀 1컵(160g)
잣 1컵(120g)
물 6컵
소금 약간

만드는 방법

1 쌀은 깨끗이 씻어 30분간 물에 불려 물 3컵과 같이 블렌더에 넣고 무거리가 없을 정도로 곱게 간다.
2 잣은 깨끗이 씻어 물 3컵을 넣고 블렌더에 곱게 간다.
3 냄비에 먼저 쌀과 잣을 갈아놓은 윗물을 붓고 약한 불로 끓이다가 쌀 앙금을 넣고 끓인다.
4 ③에 잣 앙금을 넣고 저으면서 끓여 윤이 나고 걸쭉해지면 그릇에 담는다. 소금을 곁들인다.

대추죽

대초죽 뿌ᄂᆞᆫ 법

대초 서 되 팟 서 되 ᄒᆞᆫᄃᆡ 고와 걸너 식 녀허 달혀 스ᄂᆞ니라

대추죽 쑤는 법

대추 3되, 팥 함께 고와 걸러 심을 넣어 달여 쓴다.

재료 및 분량 | 4인분 기준 |

대추 2컵(140g)
붉은팥 2컵(300g)
물 10컵

새알심

찹쌀가루 100g
끓는 물 1큰술
소금 약간

만드는 방법

1. 팥은 깨끗이 씻어 잠길 만큼 물을 붓고 한번 끓으면 그 물을 버리고, 다시 새 물을 부어 팥알이 터질 정도로 푹 무르게 삶는다.
2. 삶은 팥을 체에 부어 팥물을 받아두고, 팥은 주걱으로 으깨어 물 2컵을 더 부으면서 팥앙금을 내린다.
3. 대추는 깨끗이 씻어 물 4컵을 넣고 무르게 될 때까지 삶아 체에 내려 대추씨를 걸러낸다. 체에 내릴 때 물 1컵을 더 부으면서 내린다.
4. 새알심은 찹쌀가루에 소금을 넣고 뜨거운 물로 익반죽하여 지름 1.5 cm 크기로 빚는다.
5. ②의 팥물과 남은 분량의 물을 넣고 끓이다가 팥앙금과 대추앙금을 넣고 끓인다.
6. 새알심을 ⑤에 넣고 저으면서 끓이다가 새알심이 떠오르면 불을 끈다.

참고사항

◎ 대추와 팥의 부피 비율을 1:1로 한다. 팥을 삶을 때 사포닌 성분이 우려나 쓰고 떫은맛을 내므로 첫 물은 따라버리고 새 물을 부어 다시 익힌다.

福

북경분탕

북경분탕
장국을 ᄭᅳᆯ히고 슈면을 ᄆᆞ듸 뎌육을 슈면을 ᄀᆞᆺ치 ᄡᅥ흐러 너코 온 ᄃᆞᆰ의알 ᄢᅡ지우고 쳔초 마늘 파 약염ᄒᆞ여 먹으면 그 마시 ᄀᆞ장 됴터라

북경분탕
장국을 끓이고 수면을 (장국에) 말되, 돼지고기를 수면과 같이 썰어서 넣는다. 윈 달걀을 깨서 넣고, 천초, 마늘, 파로 양념하여 먹으면 그 맛이 가장 좋다.

재료 및 분량 | 4인분 기준 |

당면 80g
돼지고기(목살) 200g
물 10컵
달걀 1개
실파 1뿌리
다진 마늘 ½작은술
천초가루 ⅛작은술

만드는 방법

1 돼지고기는 찬물에 넣어 센 불로 끓이다가 한번 끓어오르면, 약한 불로 줄여 뭉근하게 끓인다.
2 돼지고기가 푹 무르면 고기는 건져 4cm 길이로 채 썰고, 국물은 면보에 걸러 기름기를 제거하여 장국으로 한다.
3 당면은 물에 불리고, 실파는 4cm 길이로 썬다.
4 ②의 장국에 불린 당면을 넣고 끓이고, 익으면 ②의 돼지고기 썬 것과 달걀을 풀어서 줄알을 치고, 실파, 다진 마늘, 천초가루를 넣는다.

참고사항

◎ 원문에는 윈달걀을 깨서 넣는다고 하였으나 달걀을 풀어서 줄알을 쳐서 넣었다.

콩국수

콩국슈
진말 서 되 ᄀᆞᄂᆞ리 뇌고 싱콩 ᄒᆞᆫ 되 ᄀᆞᄅᆞ ᄆᆞᆫᄃᆞ라 ᄒᆞᆫᄃᆡ 고로 석거 믈을 데여 닉게 ᄆᆞ라 엷게 미러 ᄀᆞᄂᆞ리 빠ᄒᆞ라 ᄉᆞᆱ마 쟝국의도 먹고 ᄭᆡ국의도 먹ᄂᆞ니라

콩국수
밀가루 3되를 곱게 쳐서, 날 콩 1되를 가루로 하여 한데 고루 섞는다. 물을 데워 익반죽하여 얇게 밀어 가늘게 썬다. 삶아서 장국에도 먹고 깻국에도 먹는다.

재료 및 분량 | 4인분 기준 |

밀가루 400g
날콩가루 135g
물 1컵
달걀 1개
소금 2작은술

장국
사태 200g
물 10컵
간장 1큰술
소금 ½작은술

깻국
볶은 참깨 1컵(100g)
물 4컵
소금 1작은술

만드는 방법

1 밀가루, 날콩가루, 소금을 함께 체에 쳐서 끓는 물을 넣고 익반죽한다.
2 ①을 30분 정도 숙성하여 밀가루를 뿌리고 밀대로 얇게 밀고 썰어서 칼국수를 한다.
3 사태에 찬물을 부어 푹 끓여서 기름을 제거한 후 간장과 소금으로 간을 하여 장국을 만든다.
4 ③의 삶은 사태는 건져서 2×1cm 크기로 얇게 편으로 썬다.
5 깻국은 블렌더에 볶은 참깨와 물을 붓고 곱게 갈아 면보에 걸러 소금으로 간을 한다.
6 달걀은 황백지단을 부쳐 가늘게 채 썬다.
7 끓는 물에 칼국수를 넣고 삶아 건져서 장국이나 깻국에 만다.

참고사항

◎ 밀가루와 날콩가루의 비율은 3:1로 한다.
◎ 원문에는 고명에 대한 언급이 없으나 《음식법》의 "숙제육과 계란 부쳐 채치고 후춧가루, 왼 백자 뿌려라"를 참고하여 황백지단을 고명으로 사용하였다.

국수비빔

국슈부븨임
져육 양지머리 ᄀᆞᄂᆞ리 ᄡᅥ흐러 고기을 ᄀᆞ날게 ᄡᅥ흐러 양염ᄒᆞ여 잠간 복가 ᄂᆡ고 미ᄂᆞ리 도라슨 싱치쳐로 가ᄂᆞ리 ᄒᆞᄃᆡ 여허도 조코 조흔 비ᄎᆞ김치 흰 것만 ᄀᆞᄂᆞ리 ᄡᅥ흐러 너허도 조흐니라 ᄃᆞᆰ의알 셕이 표고 ᄀᆞᄂᆞ리 ᄡᅥ흐러 우의 언즈면 조흐니라

국수비빔
돼지고기 양지머리를 가늘게 썰고 (소)고기를 가늘게 썰어 양념하여 잠깐 볶아 낸다. 미나리와 도라지를 생채처럼 가늘게 썰어 넣어도 좋고, 좋은 배추김치 흰 것만 가늘게 썰어 넣어도 좋다. 달걀, 석이버섯, 표고버섯을 가늘게 썰어 위에 얹으면 좋다.

재료 및 분량 | 4인분 기준 |

소면 400g
돼지고기(양지머리) 150g
쇠고기(양지머리) 200g
미나리 150g
도라지 150g
배추김치 200g
달걀 1개
석이버섯 1장
표고버섯 1장

고기 양념
간장 2큰술
다진 파 1½큰술
다진 마늘 1큰술
깨소금 1작은술
참기름 1½큰술
후춧가루 1작은술

소금 약간
참기름 1큰술
깨소금 ½큰술
간장 1큰술

만드는 방법

1 냄비에 물을 넉넉히 붓고 펄펄 끓으면 소면을 넣어 삶는다. 이때 처음 끓어오르면 찬물 반 컵을 부어 다시 삶고, 다시 끓어오르면 또 찬물을 부어 삶은 후 면을 건져 찬물에 재빨리 헹구어 물기를 뺀다.
2 돼지고기와 쇠고기는 얇게 저며 4cm 길이로 가늘게 썰어 양념하여 볶는다.
3 미나리는 잎을 따고 다듬어 씻어서 4cm 길이로 썰고, 도라지도 4cm 길이로 썰어 소금에 주물러 쓴맛을 뺀다.
4 배추김치는 김칫국물을 짜고, 흰 줄기 부분만 곱게 채 썬다.
5 달걀은 황백지단을 부쳐 4cm 길이로 채 썬다.
6 석이버섯은 끓는 물에 불려 이끼를 떼고 문질러 씻어 가늘게 채 썬다.
7 표고버섯은 미지근한 물에 불려 기둥을 떼어내고 얇게 포를 떠서 가늘게 채 썬다.
8 석이버섯과 표고버섯은 소금과 참기름을 약간 넣고 팬에서 살짝 볶는다.
9 ①의 삶은 면에 ②, ③, ④를 넣고 깨소금, 간장을 넣어 비빈 후 그릇에 담는다.
10 ⑨ 위에 황백지단, 석이버섯, 표고버섯을 고명으로 얹는다.

냉면

닝면

닝면은 김치 꿀 쳐 잘 담으고 고초 양염은 크□□□□ 우려닉여 버리고 국슈 더운 물의 허여 국슈 훈 켜 고기 져육 셧거 훈 켜 셧거 격지 노코 우의 달긔알 치 쳐 노코 양염 가초 너코 김치국 우의 브어 마라

냉면

냉면은 김치(국물)에 꿀을 쳐 잘 담는다. 고추 양념은 크게 잘라서 우려내어 버리고 국수는 따뜻한 물에 흩어서 (삶아내어) 국수 한 켜, 쇠고기와 돼지고기를 섞어 한 켜를 섞어 여러 겹으로 쌓는다. 그 위에 달걀(지단)을 채 쳐놓고, 양념을 갖추어 넣고 김칫국물을 위에 부어 만다.

재료 및 분량 | 4인분 기준 |

메밀국수 640g(1인분 160g)

고명

쇠고기 160g

돼지고기 160g

달걀 1개

국물

동치미 국물 6컵(1인분 1½컵)

꿀 1큰술

만드는 방법

1 쇠고기와 돼지고기는 핏물을 빼고, 펄펄 끓는 물에 넣어 삶아서 편으로 썬다.
2 달걀은 황백지단으로 부쳐 4cm 길이로 채 썬다.
3 동치미 국물에 꿀을 넣어 맛을 낸다.
4 면은 끓는 물에 재빨리 삶아 찬물에 여러 번 비벼 빨고 헹궈서 물기를 뺀다.
5 그릇에 면 한 층, 고기 고명 한 층을 번갈아 쌓고, 맨 위에 황백지단을 올린 후 국물을 붓는다.

참고사항

그릇에 면과 고기 고명을 한 층씩 쌓으면서 담는다.

생치만두

싱치만도
싱치롤 싱으로 만도소ᄀᆞᆺ치 닉여 만도ᄀᆞᆺ치 뭉그라 계란 무쳐 지지다.가 지령국 부어 끌히고 파 여허 먹ᄂᆞ니라

생치만두
꿩고기를 생으로 만두소 같이 이겨 만두 같이 만들어 달걀 묻혀 지지다가 간장국 부어 끓이고 파와 함께 먹는다.

재료 및 분량 | 4인분 기준 |

꿩고기 300g
무 70g
생강 1톨
달걀 2개
꿩 육수 3컵
국간장 1작은술
대파 1뿌리

꿩고기 양념
소금 ½작은술
다진 파 2작은술
다진 마늘 1작은술
다진 생강 ⅓작은술
깨소금 1작은술
참기름 1작은술
후춧가루 ¼작은술

만드는 방법

1 꿩은 살과 뼈를 분리하여 뼈는 물, 저며 썬 무와 생강을 넣고 푹 삶아 육수를 내고, 꿩고기는 곱게 다져 양념한다.
2 양념한 꿩고기를 둥글게 빚어 달걀을 묻혀 지진다.
3 꿩 육수에 국간장으로 간을 맞추어 ②를 넣고 끓인 후 파를 어슷하게 썰어 넣는다.

양만두

양만도
양만도ᄂᆞᆫ 양기ᄉᆞᆯ 엷게 졈여 만도소 ᄆᆡᆼ근 거ᄉᆞᆯ 소 녀허 실노 호아 녹말 무쳐 ᄉᆞᆱ마 초지령 약염ᄒᆞ여 ᄡᅳᄂᆞ니라

양만두
양만두는 양깃을 얇게 저민다. 만두소 만든 것을 소로 넣어 실로 호아 녹말 묻혀 삶는다. 초간장 양념하여 쓴다.

재료 및 분량 | 4인분 기준 |

양깃머리 500g
녹말 100g
소금 ½큰술
후춧가루 1작은술

만두소
닭고기 200g
두부 160g
숙주 120g

소 양념
간장 1큰술
소금 ½작은술
다진 파 1큰술
다진 마늘 1큰술
참기름 ½큰술
후춧가루 ⅛작은술

초간장
간장 2큰술
식초 1큰술
잣가루 ¼작은술

실
바늘

만드는 방법

1 양깃머리는 굵은 소금으로 문질러 씻은 후 끓는 물에 튀하여 전복껍데기나 칼로 표면을 긁어 검은 막이 벗겨져 하얗게 되면 깨끗하게 다시 씻는다.
2 손질한 양깃머리는 얇게 저미고, 오그라지지 않도록 칼끝으로 두들겨 소금, 후춧가루를 뿌린다.
3 닭고기는 깨끗이 손질하여 삶아서 살코기만 뜯어 다진다.
4 두부는 으깨어 물기를 꼭 짜고, 숙주는 거두절미한 후 살짝 데쳐 물기를 짜서 2~3번 정도 썬다.
5 준비한 닭고기, 두부, 숙주에 소 양념을 한다.
6 양깃머리에 녹말을 약간 묻힌 후 소를 넣고 싸서 실로 홈질하여 다시 녹말에 굴린다.
7 끓는 물에 ⑥을 넣어 삶아 건져 실을 뽑아 그릇에 담고, 초간장을 곁들여 낸다.

참고사항

◎ 양깃머리 손질법 : 양깃머리는 껍질을 제거하고 안쪽에 붙은 막과 기름, 이물질을 완전히 제거한다. 이물질을 제거한 양깃머리는 밀가루로 주물러 깨끗이 씻고, 다시 식용유나 참기름을 넣어 뽀얀 물이 나올 정도로 조물조물 주물러주면 냄새가 거의 제거된다. 양깃머리는 손질한 후 냉동실에 얼렸다가 썰면 편리하다.
◎ 원문에는 양만두에 들어가는 소에 대한 언급은 없으나 고기, 숙주, 두부를 사용했다.

냉만두

ᄂᆡᆼ만도

목미 ᄀᆞ로 여러 번 뇌여 녹말 처 반식 석거 녀름 음식이니 ᄉᆡᆼ제육 비게 업시 ᄉᆞᆯ만 ᄒᆞ여 약념 ᄀᆞ초 녀허 만도소 ᄆᆞᆫᄃᆞ라 소를 만두 모양으로 비져 그ᄅᆞᆺ시 구으려 ᄉᆞᆯ마 어름의 ᄎᆡ와 초지령 ᄉᆡᆼ강 파 ᄒᆞ여 녀름의 먹ᄂᆞ니라

냉만두

메밀가루를 여러 번 (체에) 치고 녹말을 (체에) 쳐서 반씩 섞는다. 여름 음식이니 생돼지고기를 비게 없이 살만 하여 양념을 갖추 넣고 만두소를 만든다. 소를 만두 모양으로 빚어 (메밀가루와 녹말을 섞은) 그릇에 굴려 삶는다. (만두를) 얼음에 차게 하여 초간장과 생강, 파를 넣어 여름에 먹는다.

재료 및 분량 | 4인분 기준 |

메밀가루 100g
녹말 100g
돼지고기(목살) 400g
생강 10g
실파 1뿌리

만두소 양념

소금 ½작은술
다진 파 ½큰술
다진 마늘 1큰술
깨소금 ½작은술
참기름 1큰술
후춧가루 ½작은술

초간장

간장 2큰술
식초 1큰술
잣가루 ¼작은술

만드는 방법

1 메밀가루와 녹말을 함께 체에 친다.
2 생강은 껍질을 벗겨 곱게 채치고, 실파는 3cm 길이로 썬다.
3 돼지고기는 곱게 다져 만두소 양념을 넣고 만두 모양으로 소를 빚는다.
4 ③을 ①의 가루에 굴렸다가 끓는 물에 넣고 녹말이 투명해지면 건져 찬물에 헹군다. 다시 가루를 묻혀 또 끓는 물에 넣기를 3번 반복하여 삶는다.
5 익힌 만두를 얼음에 차게 식힌 후 그릇에 담고 ②의 생강 채, 실파를 넣고, 초간장을 곁들인다.

참고사항

◎ 여름에 먹는 음식이다.

편수

편슈

편슈ᄂᆞᆫ 밀ᄀᆞ로을 반죽ᄒᆞ되 손바닥마치 미러 소ᄂᆞᆫ 만두쇼쳐로 ᄒᆞ되 ᄇᆡ추 입흔 너치 말고 두부 만히 너치 말고 쇼을 녀허 네 귀을 모도 잡아 쇼가 빠지잔케 지버 댱국의 살마 초지령의 먹ᄂᆞ이라

편수

편수는 밀가루를 반죽하되 손바닥만큼 밀고, 소는 만두소처럼 만들되 배추 잎은 넣지 말고 두부를 많이 넣지 않는다. 소를 넣어 네 귀를 모두 잡아 소가 빠지지 않게 집는다. 장국에 삶아 초간장에 먹는다.

재료 및 분량 | 4인분 기준 |

만두피
밀가루 2컵(200g)
소금 6g
물 90mL

소
쇠고기(살코기) 300g
배추 줄기 180g
두부 150g

소 양념
소금 1작은술
다진 파 1큰술
다진 마늘 ½큰술
깨소금 ½작은술
참기름 1큰술
후춧가루 ¼작은술

장국
양지머리 200g
물 10컵
간장 1큰술
소금 ½작은술

초간장
간장 2큰술
식초 1큰술
잣가루 ¼작은술

만드는 방법

1 밀가루에 소금을 넣어 체에 치고 찬물로 반죽하여 밀어 7×7cm 크기로 만두피를 자른다.
2 양지머리는 찬물에 넣어 푹 끓이고, 간장과 소금으로 간을 하여 장국을 만든다.
3 쇠고기는 곱게 다지고, 배추 줄기는 다듬어서 살짝 데쳐서 썰어 물기를 짜고, 두부는 으깨어 물기를 꼭 짠다.
4 ③의 준비된 재료에 양념을 하여 소로 한다.
5 만두피에 준비한 소를 넣고 네 모서리를 잡아 소가 빠지지 않도록 꼭꼭 집어 만두를 빚는다.
6 ②의 장국에 빚어 놓은 만두를 넣고 삶아서 초간장을 곁들인다.

참고사항

◎ 만두소에 배추잎을 넣지 않고 줄기 부분만 넣는다.

수교의

슈교의

슈교의ᄂᆞᆫ 밀ᄀᆞ로을 반쥭ᄒᆞ여 뼈흐러 쇼을 녀허 모도 잡아 쥴음 잡아 쳬의 쪄 ᄂᆡ디 초지령의 먹ᄂᆞ니라 쇼ᄂᆞᆫ 외로 젼병 쇼 ᄒᆞᄃᆞᆺ ᄒᆞᄂᆞ니라 얍게 미러 ᄒᆞᄂᆞ니라

수교의

수교의는 밀가루를 반죽하여 (밀어) 썬 후 소를 넣어 모두 잡아 주름을 잡아 체에 쪄 내되 초간장에 먹는다. 소는 외로 전병 소를 만들 듯 한다. 얇게 밀어 만든다.

재료 및 분량 | 4인분 기준 |

만두피
밀가루 2컵(200g)
소금 6g
물 90mL

만두소
쇠고기 200g
오이 1개
표고버섯 3장

소 양념
소금 ½작은술
다진 파 1큰술
다진 마늘 ½큰술
깨소금 1작은술
참기름 ½큰술
후춧가루 ⅛작은술

초간장
간장 2큰술
식초 1큰술
잣가루 ¼작은술

만드는 방법

1. 밀가루와 소금을 체에 치고 물을 넣어 반죽하여 7~8cm 직경으로 얇게 밀어 만두피를 만든다.
2. 쇠고기는 2cm 길이로 채 썰고, 오이는 2cm 길이로 썰어 돌려 깎기 하여 채 썰고, 표고버섯은 미지근한 물에 불려 기둥을 떼고, 갓 부분만 포를 떠서 2cm 길이로 채 썬다.
3. 쇠고기와 표고버섯은 소 양념을 하여 볶고, 오이는 소금을 살짝 뿌려 물기를 꼭 짠 후 볶아 3가지 재료를 합하여 소를 만든다.
4. 만두피에 ③의 소를 넣고 주름을 잡아 만두를 빚는다.
5. 김이 오른 찜기에 만두를 넣고 25분 정도 찐다. 초간장을 곁들여 낸다.

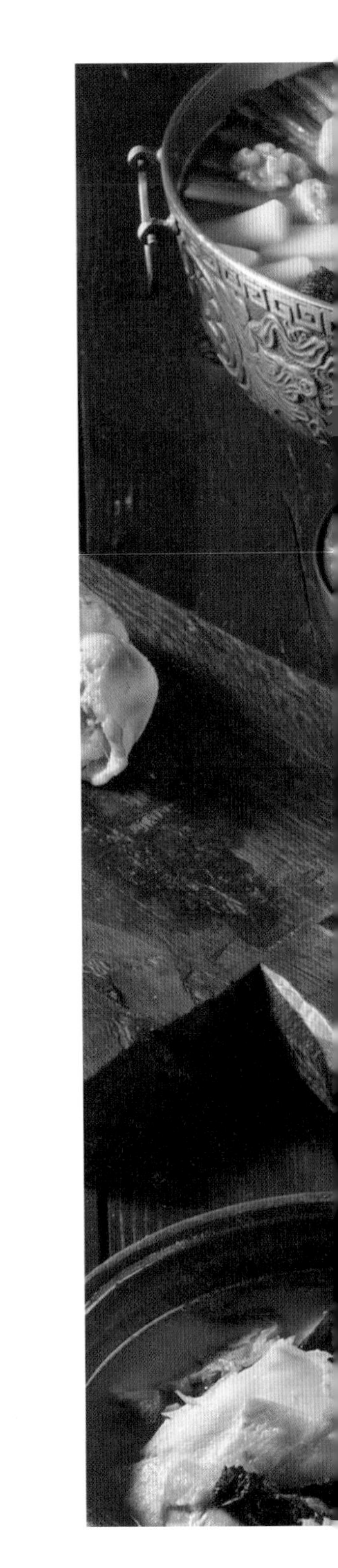

찬물류

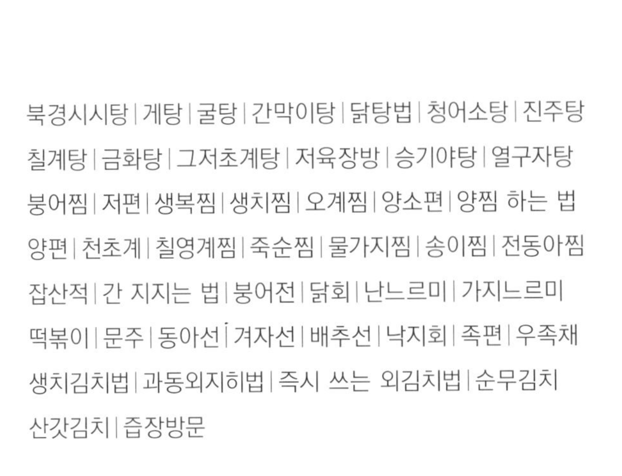

북경시시탕 | 게탕 | 굴탕 | 간막이탕 | 닭탕법 | 청어소탕 | 진주탕 | 칠계탕 | 금화탕 | 그저초계탕 | 저육장방 | 승기야탕 | 열구자탕 | 붕어찜 | 저편 | 생복찜 | 생치찜 | 오계찜 | 양소편 | 양찜 하는 법 | 양편 | 천초계 | 칠영계찜 | 죽순찜 | 물가지찜 | 송이찜 | 전동아찜 | 잡산적 | 간 지지는 법 | 붕어전 | 닭회 | 난느르미 | 가지느르미 | 떡볶이 | 문주 | 동아선 | 겨자선 | 배추선 | 낙지회 | 족편 | 우족채 | 생치김치법 | 과동외지히법 | 즉시 쓰는 외김치법 | 순무김치 | 산갓김치 | 즙장방문

북경시시탕

븍경시시탕
싱뎌육을 밍물의 술마 건지는 건져 니고 그 믈의 약념ᄒᆞ고 소금 타 미탕으로 먹으니 마시 됴코 아람다와 흰밥을 마라 머그면 더 됴타 ᄒᆞ더라

북경시시탕
생돼지고기를 맹물에 삶아 건더기는 건져낸다. 그 물에 양념하고 소금을 타 미탕으로 먹으니 맛이 좋고 아름답다. 흰밥을 말아 먹으면 더 좋다고 한다.

재료 및 분량 | 4인분 기준 |

돼지고기(앞다리살) 300g
마늘 4쪽
생강 2톨
물 1L
대파 2뿌리
소금 2작은술
후춧가루 ¼작은술

만드는 방법

1 돼지고기를 찬물에 담가 핏물을 빼고, 덩어리째 깐 마늘과 저민 생강을 넣어 찬물에 삶는다. 고기가 푹 무르게 익으면 고기는 건지고 삶은 국물은 식혀서 면보에 밭쳐 기름을 제거한다.
2 냄비에 ①의 국물을 부어 한소끔 끓인 후 대파 썬 것과 소금, 후춧가루를 넣는다.
3 그릇에 ②의 국물을 담고 삶은 돼지고기를 편으로 썰어 넣는다.

참고사항

◎ 원문에는 없지만, 고기를 삶을 때 마늘과 생강을 넣어 잡내를 제거하였다.
◎ 국을 먹을 때 돼지고기 삶은 것을 편으로 썰어 함께 먹어도 좋고, 흰밥을 말아 먹어도 좋다.

게탕

게탕

게ᄅᆞᆯ ᄌᆞ디쟝 노른쟝 모화 ᄃᆞᆰ의알 너코 기름쟝과 호초ᄀᆞᄅᆞ 너허 ᄃᆞᆰᄃᆞᆰ ᄀᆡ여 ᄶᅧ 싸흘고 국을 맛ᄀᆞᆺ게 ᄒᆞ여 숑이 너코 ᄉᆡᆼ치 졈여 너코 쉰무오 ᄲᅡ흐라 너허 ᄭᅳᆯ히다가 게 ᄶᅵᆫ 거ᄉᆞᆯ 드리쳐 ᄭᅳᆯ혀 내ᄂᆞ니라

게탕

게를 검은장, 노른장 모아 달걀 넣고 기름, 장, 후춧가루 넣어 닥닥 개어 쪄서 썬다. 국을 말갛게 하여 송이 넣고, 꿩고기를 저며 넣고, 순무를 썰어 넣어 끓이다가 게 찐 것을 넣어 끓여 낸다.

재료 및 분량 | 4인분 기준 |

꽃게 3마리(게살 200g)
달걀 1개
유장(참기름 1작은술, 간장 ⅓작은술)
후춧가루 ¼작은술

꿩고기 100g
소금 ¼작은술
후춧가루 ⅛작은술
순무 150g
송이 2개(100g)

장국

쇠고기 50g
간장 ½작은술
다진 마늘 1작은술
소금 ½작은술
후춧가루 ⅛작은술
물 4컵

만드는 방법

1 게를 깨끗이 손질하여 게딱지를 떼어 내고 검은 장, 노른 장, 살을 발라낸다.
2 발라놓은 게살에 달걀, 유장, 후춧가루를 넣고 잘 저어서 운두가 낮은 네모난 그릇에 넣고 중탕으로 찐 후 3×4×0.5cm 크기로 썬다.
3 쇠고기는 다져서 장국 양념하여 볶다가 찬물을 부어 끓인다. 이때 남은 게 껍질을 넣고 함께 끓이면 좋다. 국물이 충분히 우러나면 체에 걸러 육수로 준비한다.
4 꿩고기는 3×4×0.5cm 크기로 썰어 소금, 후춧가루로 양념한다.
5 순무는 골패 모양으로 썰고, 송이는 손질하여 모양을 살려 길이로 저민다.
6 냄비에 ③의 육수와 순무를 넣고 끓으면 송이와 꿩고기를 넣고 끓인다.
7 ⑥이 끓으면 썰어둔 ②의 게찜을 넣고 다시 끓인다.

참고사항

◎ 원문에 국물에 대한 언급은 없으나 게 껍질을 육수로 활용하면 맛이 더욱 좋다.
◎ 양념에 대한 언급은 없지만 장국에 소금과 간장으로 간을 하였다.

굴탕

굴탕
굴탕을 ᄒᆞᄂᆞᆫᄃᆡ 굴을 알 무처 젼유로 지지고 머리골 지지고 ᄒᆡ삼을 므ᄅᆞ게 고와 ᄲᅥ흘고 ᄉᆞᆯ문 뎌육 졈여 너코 ᄃᆞᆰ의알 ᄒᆡᆼ긔 바닥의 어릐워 ᄲᅡ흐라 너허 ᄭᅳᆯ히면 됴ᄒᆞ니라

굴탕
굴탕을 하려면 굴에 달걀을 묻혀 전유로 지지고, 머리골(도) 지진다. 해삼을 무르게 고아 썰고, 삶은 돼지고기를 저며 넣는다. 달걀을 행기 바닥에 엉기게 썬다. (준비된 재료를) 넣어 끓이면 좋다.

재료 및 분량 | 4인분 기준 |

굴 100g
머리골 100g
돼지고기(목심) 100g
불린 해삼 100g
밀가루 ½컵
달걀 2개(전유어용)
달걀 1개(줄알용)
식용유 2큰술
소금 ½작은술
후춧가루 ¼작은술
육수 1컵
국간장 1작은술

만드는 방법

1 굴은 소금물에 씻어 건져 끓는 물에 데쳐서 체에 밭쳐 물기를 제거한다.
2 굴에 밀가루, 달걀을 묻혀서 전유어로 지진다.
3 머리골은 얇은 막을 벗기고 구부러지게 뭉쳐 있는 것을 펴서 깨끗하게 손질하여 끓는 물에 데친 후 3×4×0.5cm 크기로 썰어 소금, 후춧가루를 뿌리고, 밀가루와 달걀을 입혀 기름 두른 팬에 지진다.
4 불린 해삼은 길이로 썰어 3~4cm 크기로 저민다.
5 돼지고기는 끓는 물에 삶아 다른 재료와 같은 크기로 썬다.
6 준비한 재료를 담고 육수를 부어 끓이다가 달걀 줄알을 쳐서 완성한다.

참고사항

◎ 건해삼 불리는 법
① 건해삼은 깨끗이 씻은 후 10~14시간 정도 물에 불린다.
② 해삼을 넉넉한 양의 물을 넣고 끓인다. 끓으면 불을 약하게 하여 30분간 가량 더 끓인 후 불을 끄고 한나절 가량 서서히 식힌다.
③ 그 다음날 식은 해삼 불린 물은 버리지 않고 냄비째 다시 데운 후 서서히 식힌다.
④ 겨울에는 하루 한 번, 여름에는 오전, 오후로 한 번씩 ①~③을 5~6회 반복하여 해삼을 불린다.

간막이탕

간막이탕

져육 아긔집을 쟝국의 ᄃᆞᆰᄒᆞ고 표고 셕이 져육 너허 ᄃᆞᆰ이 무롤 만치 ᄭᅳᆯ히고 아긔집을 ᄡᅥ흔 거ᄉᆞᆯ 너허 잠간 ᄭᅳᆯ혀 익혀 ᄭᆡ국의 거ᄅᆞ면 마시 됴ᄒᆞ니라

아긔집을 ᄃᆞᆰ과 ᄀᆞᆺ치 너허 ᄭᅳᆯ히면 너모 물너 됴치 아니ᄆᆡ 나죵 너허 잠간 ᄭᅳᆯ히ᄂᆞ니라

간막이탕

돼지 아기집을 장국에 닭, 표고버섯, 석이버섯, 돼지고기를 넣어서 닭이 무르게 될 정도로 끓이고, 아기집을 썬 것을 넣어 잠깐 끓여 익혀 깻국에 거르면 맛이 좋다.

아기집을 닭과 같이 넣어 끓이면 너무 물러서 좋지 않으니, (아기집) 나중에 넣어 잠깐 끓인다.

재료 및 분량 | 4인분 기준 |

돼지 아기집 500g
돼지고기(다리살) 800g
닭 500g(반 마리)
표고버섯 8장
석이버섯 12장
파 2뿌리

양념

국간장 2큰술
다진 생강 ½큰술
참기름 1큰술
후춧가루 ½큰술

깻국

참깨 1컵
장국 2컵
소금

만드는 방법

1 돼지 아기집과 돼지고기를 깨끗이 손질하여 2~3개로 토막 내어 냉수에 담가 핏기를 뺀다. 닭도 몸통과 다리 부분으로 나눈다.
2 솥에 물을 넉넉히 끓이다가 아기집을 먼저 넣고 반쯤 익으면 돼지고기와 닭을 넣어 모두 살이 물러질 정도로 끓인다. 처음에는 강한 불로 1시간 정도 끓이다가 도중에 중불로 다시 약한 불로 하여 2시간 더 끓인다.
3 표고버섯은 불려서 기둥을 떼고 넷으로 자르고, 석이버섯은 끓는 물에 담가 불면 검은 물이 나오지 않을 때까지 비벼 씻어 표고버섯만 하게 찢는다.
4 ②의 고기 삶은 것을 건져서 식으면 아기집과 돼지고기는 4~5cm 폭으로 네모지게 썰고, 닭은 뼈가 붙은 채 토막을 비슷하게 잘라 양념하여 끓인 국물에 넣고, 버섯도 양념하여 넣고 다시 끓인다.
5 참깨는 깨끗이 씻어 마른 팬에 볶아 분마기에 넣고 곱게 간 후 장국을 조금씩 부으면서 으깨어 뽀얀 깨즙을 만든다.
6 ④의 건더기는 꺼내어 종류대로 한 토막씩 국그릇에 담고, 버섯과 굵게 썬 파를 얹는다.
7 ④의 육수를 체에 걸러 낸 후 다시 데우면서 ⑤의 깨즙을 타고 소금 간을 하여 ⑥에 가득 붓는다.

참고사항

◎ '간막탕'은 국어사전에서 명사로 '간막국'의 잘못이라 하였다. 소의 머리, 꼬리, 가슴, 등, 볼기, 뼈, 족, 허파, 염통, 처녑, 콩팥, 꼬리 등 조금씩 골고루 다 넣어 소금 간을 하여 끓인 국이라 설명되어 있다. 따라서, 간막탕은 쇠고기나 돼지고기 살, 뼈, 내장 등을 큼직하게 썰어 종류대로 한 토막씩 넣어 푸짐하게 뼈가 붙은 채 뜯어먹게 담아낸 음식법을 지칭한 것 같다.

닭탕법

ᄃᆞᆰ탕법

됴흔 암ᄃᆞᆰ ᄒᆞᆫ 마리 믈 두 냥푼 부어 ᄒᆞᆫ 냥푼 ᄆᆞ이 못하게 고은 후의 겨란 일곱 기름 ᄒᆞᆫ 죵ᄌᆞ 지령 ᄒᆞᆫ 죵ᄌᆞ 파 푸란 닙 므조리고 잠간 ᄭᅳᆯ혀 내ᄂᆞ니라

닭탕법

좋은 암탉 1마리에 물 2양푼을 부어 1양푼이 많이 못 되게 곤다. 그 후에 계란 7개, 기름 1종지, 간장 1종지, 파 푸른 잎을 잘라서 잠깐 끓여낸다.

재료 및 분량 | 4인분 기준 |

닭 1마리(1.5kg)
물 3L
달걀 7개
파 50g
참기름 3큰술
간장 3큰술

만드는 방법

1. 닭은 내장을 빼고 깨끗하게 씻는다.
2. 솥에 닭을 안치고 물 3L를 붓고 중불에서 물이 반으로 졸아들 때까지 끓인다.
3. ②에 푸른 잎을 3cm 길이로 썬 파, 참기름, 간장을 넣고 한소끔 끓여낸다.
4. ③의 끓는 솥에 달걀 7개를 깨뜨려 넣는다.

청어소탕

청어소탕

ᄆᆡ이 크고 셩ᄒᆞᆫ 청어ᄅᆞᆯ 토막을 이삼의 ᄌᆞᆯ나 알과 이릐ᄅᆞᆯ 내여 소ᄅᆞᆯ ᄆᆡᆫᄃᆞᄃᆡ 알이 너모 만ᄒᆞ면 샤각샤각ᄒᆞ여 됴치 아니ᄒᆞ니 알은 적게 ᄒᆞ고 이릐ᄅᆞᆯ 만히 ᄒᆞ여 져육과 고기와 약염 기ᄅᆞᆷ장 섯거 도로 알 비엿던 ᄃᆡ 그 소ᄅᆞᆯ 메오고 ᄀᆞᄅᆞ 무쳐 계란의 지져 장국을 마초ᄒᆞ여 ᄭᅳᆯ히고 약간 ᄀᆞᄅᆞ 긔운 국의 ᄑᆞ러 ᄒᆞ여 내면 ᄀᆞ장 됴ᄒᆞ니라

청어소탕

매우 크고 싱싱한 청어를 2~3토막으로 잘라 (청어)알과 이리를 내어 소를 만든다. 알이 너무 많으면 사각사각하여 좋지 않으니 알은 적게 하고, 이리를 많이 한다. 돼지고기나 (소)고기를 양념 기름장 섞어 도로 알 배였던데 그 소를 메우고 (밀)가루를 묻히고 달걀에 지진다. 장국을 맞추어 끓이고, 약간 가루 기운 국에 풀어서 내면 가장 좋다.

재료 및 분량 | 4인분 기준 |

청어(대) 1마리(500g)
청어알 10g
이리 50g
돼지고기(또는 쇠고기 우둔살) 100g
밀가루 1큰술
달걀 2개
지짐용 기름 2큰술

소 양념

국간장 1작은술
배즙 1작은술
다진 파 1작은술
다진 마늘 1작은술
깨소금 1작은술
참기름 1작은술
후춧가루 ⅛작은술

국물

물 2½컵
국간장 1작은술
밀가루 2작은술

만드는 방법

1 청어는 비늘을 긁고 깨끗하게 씻어 아가미 쪽으로 이리와 알을 꺼내고 2~3토막으로 자른다.
2 꺼낸 알과 이리를 으깨어 섞어 소를 만드는데 알보다는 이리의 양이 많게 섞는다.
3 돼지고기나 쇠고기를 다져 양념하여 꺼낸 알과 이리를 함께 섞어 청어 뱃속에 밀가루를 바른 후 소를 집어넣는다.
4 ③에 밀가루와 달걀을 묻혀 기름에 지진다.
5 냄비에 물을 넣고 국간장으로 간 맞추어 끓인다.
6 ④를 넣고 다시 끓으면 밀가루를 조금 풀어 국물에 농도를 주어 끓인다.

진주탕

진쥬탕

돍이나 싱치나 기롬진 고기롤 퐃 낫마콤 빠흐라 모밀ᄀᆞᄅᆞ 무쳐 간장국의 닉게 솔마 셕이 싱강 표고 너허 쓰라

진주탕

닭이나 꿩고기나 기름진 고기를 팥알만큼 썬다. 메밀가루에 묻혀 간장국에 익게 삶아 석이버섯, 생강, 표고버섯도 넣고 쓴다.

재료 및 분량 | 4인분 기준 |

닭고기(꿩고기나 기름진 고기) 300g
메밀가루 ½컵
석이버섯 10g
표고버섯 1장
생강 2톨

고기 양념

소금 1작은술
후춧가루 ⅛작은술

국물

물 6컵
국간장 1½큰술
소금 1작은술

만드는 방법

1 닭고기는 살코기를 팥알 크기만큼 썰어 소금과 후춧가루로 양념한다.
2 석이버섯은 끓는 물을 부어 불린 후 이끼와 돌을 제거하고 깨끗하게 손질하여 물기를 닦아 곱게 채 썬다. 표고버섯은 뜨거운 물을 부어 불린 후 물기를 꼭 짜고 기둥을 제거한 후 곱게 채 썬다.
3 생강은 껍질을 벗긴 후 강판에 갈아 즙을 낸다.
4 냄비에 물을 부어 끓인 후 양념한 닭고기에 메밀가루를 입혀서 넣고, 간장과 소금을 넣어 간을 한다.
5 끓는 국에 ②의 버섯과 ③의 생강즙을 넣어 한소끔 끓인다.

참고사항

◎ 진주탕은 닭고기를 팥알처럼 썰어 메밀가루를 입힌 모양이 마치 진주 같다고 하여 붙여진 이름이다.

칠계탕

칠계탕
ᄃᆞᆰ을 말가케 삐서 표고 박우거리 쉰무우 토란 다ᄉᆞ마 도랏 너코 지령 기름 너허 항의 담아 듕탕ᄒᆞ여 글히면 됴흐니라

칠계탕
닭을 깨끗하게 씻어 표고버섯, 박오가리, 순무, 토란, 다시마, 도라지 넣고, 국간장과 기름을 넣어 항아리에 담아 중탕하여 끓이면 좋다.

재료 및 분량 | 4인분 기준 |

닭 1마리(1.5kg)
표고버섯 50g
(불린)박오가리 50g
(삶은)토란대 50g
순무 80g
도라지 50g
(건)다시마 20g
국간장 3큰술
참기름 1큰술

한지
실

만드는 방법

1 닭은 내장을 빼고 깨끗하게 씻는다.
2 불린 표고버섯은 깨끗이 씻어서 기둥을 떼어 내고 0.5cm 너비로 채 썬다.
3 불린 박오가리와 삶은 토란대는 5cm 길이로 썬다.
4 순무는 0.5×2×5cm로 썬다.
5 도라지는 소금을 넣고 주물러 쓴맛을 빼서 5cm 길이로 찢는다.
6 다시마는 물에 불려 너비 2×5cm로 썬다.
7 표고버섯, 박오가리, 순무, 토란대, 다시마, 도라지를 국간장과 참기름으로 양념한다.
8 닭의 뱃속에 ⑦을 채워 넣고 입구를 실로 꿰매고, 두 다리는 한데 모아 실로 동여맨다.
9 항아리에 닭을 담고 항아리 입구를 한지로 봉하고 뚜껑을 덮는다.
10 솥에 물을 붓고 ⑨의 항아리를 넣어 2시간 동안 중탕한다.

금화탕

금화탕

ᄃᆞᆰ 두서 마리나 ᄉᆞ지를 써 둘히 졀나 기름을 쳐 가며 지져 지령국 숨숨이 ᄒᆞ여 넉넉 붓고
토란 표고 박우거리 셕이 고사리 두어 치식 ᄌᆞᄅᆞ고 동화 때면 동화 겻겻치 안쳐 달히기를 무흔 달히고 ᄂᆞ믈이 무ᄅᆞ고 마시 나거든 진갈 ᄀᆞ놀이 뇌(여) 잠간 타고 호초 쳔초 약염ᄒᆞᄂᆞ니라

금화탕

닭 두서너 마리를 사지를 뜨고 둘로 자른다. 기름을 쳐가며 지져 간장국 삼삼이 하여 넉넉히 붓는다. 토란, 표고버섯, 박오가리, 석이버섯, 고사리 두어치씩 자르고, 동아 때면 동아를 옆옆이 안쳐 달이기를 오랫동안 달인다. 나물이 무르고 맛이 나거든 밀가루를 곱게 쳐서 조금 타고 후추와 천초 양념을 한다.

재료 및 분량 | 4인분 기준 |

닭 1마리(1.5kg)
(불린)표고버섯 50g
박오가리 50g
(삶은)토란대 50g
석이버섯 10g
(삶은)고사리 50g
참기름 1큰술
간장 3큰술
물

밀가루즙

물 3큰술
밀가루 1작은술

양념

후춧가루 1작은술
천초가루 1큰술

만드는 방법

1 닭은 내장을 빼고 깨끗이 씻어 날개와 다리를 잘라내어 4각을 뜨고, 몸통을 반으로 자른다.
2 불린 표고버섯은 깨끗이 씻어 기둥을 제거하고 0.5cm 너비로 썬다.
3 박오가리는 물에 불려 5cm 길이로 썬다.
4 삶은 토란대는 5cm 길이로 썬다.
5 석이버섯은 끓는 물에 튀하여 뒤편의 이끼를 제거하고 깨끗이 씻어 채 썬다.
6 삶은 고사리는 딱딱한 부분을 제거하고 5cm 길이로 썬다.
7 솥에 참기름을 두르고 날개와 다리 몸통을 겉이 익을 정도로 지져 물과 간장을 넣고 1시간 정도 삶는다.
8 ⑦에 준비한 나물을 옆옆이 넣고 약한 불로 끓인다.
9 나물이 무르면 밀가루즙을 섞고 후춧가루와 천초가루로 양념을 한다.

참고사항

◎ 9~11월 동아가 나올 때에는 동아도 넣는다.

그저초계탕

그져초계탕
ᄃᆞᆰ 삼ᄂᆞᆫ ᄃᆡ 도랏 박우거리 녀코 외 겨란도 ᄲᅡ지여 초 알마치 치면 됴ᄒᆞ니라

그저초계탕
닭 삶을 때 도라지, 박오가리 넣고 오이와 달걀도 깨뜨려 (넣고) 식초 알맞게 치면 좋다

재료 및 분량 | 4인분 기준 |

닭 1마리(1.5kg)
물 2L
참기름 1큰술
도라지 50g
(불린)박오가리 50g
오이 50g
달걀 2개
식초 1큰술
간장 3큰술

만드는 방법

1 닭은 내장을 빼고 깨끗이 씻은 다음 날개와 다리를 자르고(4각을 뜨고) 몸통을 반으로 자른다.
2 솥에 참기름을 두르고 날개와 다리, 몸통을 겉이 익을 정도로 지져 물을 붓고 1시간 정도 삶는다.
3 삶은 닭을 건져내어 살만 가늘게 찢는다.
4 도라지는 소금을 넣고 주물러 쓴맛을 빼고 3cm 길이로 잘게 찢는다.
5 박오가리는 물에 불려 0.5×3cm로 자른다.
6 오이는 반으로 잘라서 1.5×3×0.5cm로 납작하게 썬다.
7 ②의 솥에 간장을 붓고 한소끔 끓인 다음 도라지 박오가리, 오이를 넣고 끓인다.
8 ⑦에 달걀을 줄알을 쳐서 넣은 다음 식초를 친다.
9 그릇에 ③의 찢어놓은 닭살을 담고 ⑧을 붓는다.

저육장방

뎌육냥방
싱뎌육을 모나게 빠흐라 기ᄅᆞᆷ 죠곰 ᄉᆞᆺ치고 복가 젓국ᄋᆡ 끌히다가 두부 빠흐라 너혀 부플게 끌혀 먹ᄂᆞ니라

저육장방
생돼지고기를 모나게 썰어 기름을 조금 치고 볶아 젓국에 끓인다. 두부 썰어 넣어 부풀게 끓여 먹는다.

재료 및 분량 | 4인분 기준 |

돼지고기(목심살) 200g
두부 200g
지짐용 기름 1큰술
물 3컵
새우젓 1큰술
다진 마늘 1작은술
대파 ½뿌리

고기 양념
소금 1작은술
다진 마늘 1작은술
생강즙 ½작은술
후춧가루 ⅛작은술

만드는 방법

1 돼지고기는 2×3×0.5cm로 썰어 고기 양념을 하고, 달구어진 냄비에 기름을 두르고 볶는다.
2 ①에 물과 새우젓을 넣어 끓이면서 거품이 일면 걷어낸다.
3 ②에 2×2×2cm 크기로 썬 두부와 다진 마늘을 넣고 끓인다.
4 두부가 끓어 부풀어지면 어슷하게 썬 파를 넣어 한소끔 더 끓인다.

참고사항

◎ 젓국찌개는 새우젓을 바로 넣기도 하지만, 원래는 다진 새우젓을 찬물에 넣고 끓인 후 체에 밭쳐 그 젓국을 쓴다.

승기야탕

승기야탕

도미 ᄒᆞ나 슈어 ᄒᆞ나 셩ᄒᆞᆫ 싱션 ᄒᆞ나 돈짝마곰 졈여 녹말 무쳐 기름의 지지고 쇠골 양깃 싱복 싱치를 다 싱션과 ᄀᆞᆺ치 졈여 지지고 뎨육 먹ᄂᆞ니는 뎨육도 닉은 거슬 지지고 낙지 젼복 홍합 히ᄉᆞᆷ 실ᄒᆞ여 뻐흘고 진계를 ᄆᆡ이 고아 건지ᄂᆞᆫ 건져 내고 그 믈의 지령 타고 다ᄉᆞ마 쉬무오 박우거리 도랏 비ᄎᆞ 고비 고사리 ᄒᆞᆫ 치식 즐나 두어 소금이나 끌히다가 여러 가지 고기 여코 므ᄅᆞ게 다히다가 쳔초 ᄒᆞᆫ 줌 너코 계란 둣거이 부쳐 빠흘고 왼 파 ᄂᆞ믈 기릐와 ᄀᆞᆺ치 즐나 여허 다리여 먹을 제 왼 잣 삐흐라

승기야탕

도미 하나, 숭어 하나, 성한 생선 하나를 돈짝만큼 저며 녹말을 무쳐 기름에 지진다. 쇠골, 양깃, 생복, 꿩고기를 다 생선과 같이 저며 지진다. 돼지고기를 먹는 이는 돼지고기도 익은 것을 지진다. 낙지, 전복, 홍합, 해삼을 실하여 썰고, 진계를 매우 고아 건지는 건져내고 그 물에 간장을 탄다. 다시마, 순무, 박오가리, 도라지, 배추, 고비, 고사리를 (각) 1치씩 잘라 두어 소금 끓이다가 여러 가지 고기 넣고 무르게 달인다. 천초 1줌을 넣고, 달걀을 두껍게 부쳐 썰어 윈 파를 나물 길이와 같이 잘라 넣어 달인다(끓인다.). 먹을 때 윈 잣 뿌린다.

재료 및 분량 | 4인분 기준 |

닭 ½마리
국간장 3큰술
숭어(도미)살 500g
쇠골 100g
양깃머리 80g
꿩고기 100g
소금 1작은술
후춧가루 ¼작은술
녹말 1컵
지짐용 기름
낙지 100g
전복 2개
해삼 1개
홍합 8개
순무 1개
배추 4잎
도라지 100g
불린 박오가리 100g
불린 고비 50g
불린 고사리 50g
대파 1뿌리
다시마 12cm
달걀 2개

나물 양념

간장 4큰술
다진 마늘 2큰술
참기름 2큰술
깨소금 1큰술
천초가루 1작은술
후춧가루 ¼작은술

고명

잣 1큰술
천초가루 약간

만드는 방법

1 닭은 손질하여 오래 삶아 건져 살은 먹기 좋게 뜯고, 국물은 국간장으로 간을 하여 끓인다.
2 생선은 포를 떠서 한입 크기로 저며 소금, 후춧가루를 뿌리고 녹말을 고루 묻혀 기름에 지진다.
3 소골, 양깃머리, 꿩고기도 생선처럼 저며 지진다.
4 낙지, 전복, 해삼은 깨끗이 손질하여 먹기 좋게 저며 썰고, 홍합은 까서 소금물에 흔들어 씻는다.
5 순무와 배추는 3.5cm 길이로 굵게 채 썰어 끓는 물에 살짝 데친다.
6 도라지는 순무와 같은 길이로 썰어 소금으로 주물러 쓴맛을 빼고, 불린 박오가리, 고비와 고사리도 같은 길이로 썰어 양념하여 각각 무친다.
7 대파는 4cm 길이로 잘라 반으로 가른다. 다시마는 불려서 전 크기로 썬다.
8 달걀은 풀어서 두껍게 지단을 부쳐 굵게 채 썬다.
9 납작하고 큰 냄비에 ②와 ③의 전 지진 것, ④의 해물과 ⑤와 ⑥의 양념한 나물, 지단, 파, 다시마를 돌려 담고 닭고기 뜯은 것을 가운데 담고 간을 한 ①의 닭육수를 붓고 끓인다. 천초가루와 잣을 위에 뿌려낸다.

참고사항

◎ 맛이 어찌나 좋은지 기생과 풍악보다 더 낫다고 하여 승기악탕이라 한다. 여러 가지 재료를 준비하여 따로 그릇에 놓았다가 간을 맞춘 장국에 넣어 끓이면서 먹는 즉석요리로 추측된다.
◎ 돼지고기를 쓸 경우에는 삶아서 얇게 썰어 녹말을 묻혀 지진다.

열구자탕

열구ᄌᆞ탕 소입

웃듬은 싱치니 술마 내여 고이 ᄡᅥ흐라 지지고 무오롤 왼 이로 고이 쟝국의 살마 닉되 너모 무라 익디 아니니 알마초 살마 ᄡᅡ흐라 기롬의 지지고 편편ᄒᆞᆫ 양을 살마 ᄡᅡ흐라 지지고 싱양기술 ᄡᅡ흐라 복고 져육 ᄡᅡ흐라 복고 완ᄌᆞ ᄒᆞᄂᆞᆫ 딕 두부롤 섯거 연ᄒᆞ고 곤자손 술마 ᄡᅡ흐라 지지고 져육 삿긔집 ᄡᅡ흐라 지지고 싱션 탕 건지 모양으로 ᄡᅥ흐러 계란 ᄡᅴ워 지지고 싱션을 어만도쳐로 소 너허 ᄭᅮᆯ송편만치 계란 ᄡᅴ워 지지고 셕이 겨란 ᄡᅴ워 지저 ᄡᅥ흘고 미ᄂᆞ리 파 파라케 데쳐 제 길노 계란 ᄡᅴ워 지져 ᄡᅥ흘고 표고 ᄡᅥ흐라 지지고 다ᄉᆞ마 툥노고나 새옹의나 구리 돈이나 쥬셕 잠을쇠나 너허 술무면 파라ᄒᆞ거든 ᄡᅥ흐러 지지고 싱치와 고기 술문 댱국을 ᄯᆞ로 ᄒᆞ여 그ᄅᆞ싀 담고 열구ᄌᆞ탕 건지롤 열구ᄌᆞ 그ᄅᆞ싀 국 건지롤 알마초 담고 댱국 처 블 노코 그 남아ᄂᆞᆫ 건지ᄂᆞᆫ 징반의나 왜반의나 고이 격지 잇게 담은 후 겨란 흰ᄌᆞ의 ᄯᆞ로 지져 ᄡᅥ흘고 노른ᄌᆞ의 지져 담고 ᄋᆡ탕 �도 말가게 ᄢᅵ서 ᄶᅵ어 겨란 ᄢᅵ여 두둑이 지져 ᄡᅡ흐라 너코 됴흔 권무롤 ᄡᅥ흐러 지져 너코 은힝 실ᄒᆞ여 너코 호도 실ᄒᆞ여 너코 히삼 젼복 ᄃᆞᆰ 박우거리 ᄃᆞᄂᆞ니라

열구자탕 소입

으뜸은 꿩고기이니 삶아 내어 곱게 썰어 지진다. 무를 통째로 장국에 삶아 내되 너무 무르게 익지 않게 알맞게 삶아 썰어 기름에 지진다. 편편한 양을 삶아 썰어 지지고, 생양깃머리는 썰어 볶고, 돼지고기를 썰어 볶는다. 완자를 만드는 데 두부를 섞어 연하게 만든다.
곤자소니를 삶아 썰어 지지고, 돼지고기 새끼집을 썰어 지진다. 생선은 탕 건지 모양으로 썰어 달걀을 씌워 지지고, 생선을 어만두처럼 소를 넣어 꿀 송편만큼 달걀을 씌워 지진다. 석이버섯은 달걀을 씌워 지져 썰고, 미나리와 파를 파랗게 데쳐 바로 달걀을 씌워 지져 썬다. 표고버섯도 썰어 지지고, 다시마는 통구나 새옹에 구리돈이나 주석 자물쇠를 넣어 삶아 파래지면 썰어 지진다. 생꿩고기와 고기를 삶은 장국을 따로 하여 그릇에 담고, 열구자탕 건지를 열구자 그릇에 국 건지를 알맞게 담고 장국을 부어 불을 놓는다. 그 남은 건지는 쟁반에나 왜반에나 곱게 여러 겹으로 쌓아 담은 후, 달걀 흰자위를 따로 지져 썰고 노른자위를 지져 담는다. 애탕에 쓰는 쑥도 말갛게 씻어 쪄서 달걀을 씌워 두둑이 지져 썰어 넣는다. 좋은 권모를 썰어 지져 넣고, 은행을 실하여 넣고 호두도 실하여 넣는다. 해삼, 전복, 닭, 박오가리가 들어간다.

재료 및 분량 | 큰 신선로 2틀 |

꿩고기(닭) ½마리
무 300g
물 3L
박오가리 50g
양 200g
양깃머리 100g
곤자손이 100g
돼지고기(안심) 70g
돼지새끼집 100g
불린 해삼 2개
전복 2개
대구살 300g
밀가루 ½컵
달걀 2개
두부 60g
석이버섯 8장
미나리 50g
파 50g
표고버섯 4장
다시마 1장(25cm)
달걀 6개
쑥 20g
가래떡 200g
은행 12개
호두 6개
지짐용 기름

만드는 방법

1 꿩은 가슴살로 100g을 발라 다져서 물기를 짠 두부와 함께 섞어 양념하여 완자를 빚는다. 남은 꿩고기는 물 3L와 4~5cm 토막으로 자른 무를 넣고 1시간 정도 삶는다. 도중에 살코기는 건져내어 잘게 뜯어 양념하여 볶는다.
2 양, 곤자손이, 양깃머리, 돼지새끼집은 각각 밀가루로 주물러 잡내를 없애고 깨끗하게 씻는다. 양, 곤자손이는 넉넉한 물에 무르게 삶아서 잘게 썰어 양념하여 볶는다.
3 양깃머리는 잔칼질을 많이 하여 얇게 썰어 양념하여 볶는다.
4 돼지새끼집은 얇게 썰어 양념하여 볶는다.
5 돼지고기는 얄팍하게 저미고, 양념하여 볶는다. 일부는 다져서 양념하여 어만두 소로 사용한다.
6 불린 해삼과 전복은 얇게 편으로 썰어 양념하여 볶는다.
7 대구살 ⅔는 도톰하게 썰어 소금 간하여 밀가루, 달걀을 묻혀 전을 지지고, ⅓은 얇게 떠서 ⑤의 다진 돼지고기 양념한 것을 소로 넣어 반을 접어 송편 모양으로 빚어 밀가루와 달걀을 묻혀 알쌈을 지진다.

탕거리 양념

국간장 2큰술
다진 마늘 ½큰술
참기름 1큰술
후춧가루 ½작은술

완자소 양념

소금 ½작은술
다진 파 1작은술
다진 마늘 ½작은술
생강즙 1작은술
깨소금 2작은술
참기름 1작은술
후춧가루 ⅛작은술

8 석이버섯, 표고버섯과 미나리는 손질하여 달걀 묻혀 전을 지지고, 쑥은 데쳐 다져서 달걀노른자에 섞어 지단을 부친다. 달걀 3개는 황백을 나누어 지단을 도톰하게 부친다.
9 박오가리는 불려서 3cm 길이로 자르고, 다시마는 동전을 넣어 파랗게 삶아낸다.
10 가래떡은 3cm로 잘라 넷으로 쪼갠다.
11 호두는 뜨거운 물에 불려 속껍질을 벗기고, 은행은 기름에 볶아 속껍질을 벗긴다.
12 무, 박오가리, 다시마, 전, 지단들은 신선로 틀에 맞게 2.5×3.5cm 골패 모양으로 썬다.
13 신선로 틀 바닥에 무, 박오가리 양념한 것을 깔고, 그 위에 꿩, 양깃머리, 양, 곤자소니 등을 깐 후 돼지고기를 넣고 전복, 해삼을 그 위에 편편히 놓는다. 다시 그 위에 고명들을 색을 맞추어 돌려 담는다. 호두, 은행, 완자, 알쌈을 맨 위에 장식한다.
14 열구자탕 국물은 꿩, 내장 삶은 국물들을 합하여 다시 끓이고 국간장으로 간을 맞추어 국물을 붓고 화통에 숯불을 넣어 끓인다.
15 남은 재료들은 따로 담아 먹는 도중에 더 넣어가며 먹도록 한다. 가래떡도 따로 담아낸다.

참고사항

◎ 생선은 대구, 명태, 도미, 숭어 등의 비린내가 나지 않는 흰살 생선을 모두 쓸 수 있다. 박오가리, 무, 다시마는 밑에 깔기도 하고, 고명으로 돌려 담기도 한다.

붕어찜

부어ᄶᅵᆷ ᄆᆡᆫᄃᆞᄂᆞᆫ 법

부어ᄶᅵᆷ 소ᄅᆞᆯ ᄃᆞᆰ이나 싱치나 ᄒᆞ면 유활코 부드러워 조커니와 ᄃᆞᆰ 싱치가 업거든 황육으로 소ᄅᆞᆯ ᄒᆞ되 별노 ᄂᆞ른 두ᄃᆞ려 기름장 치고 파 마늘이나 ᄒᆞ고 호초ᄀᆞᄅᆞᄒᆞ고 진ᄀᆞᄅᆞ 조곰 너코 ᄃᆞᆰ의 알 ᄭᆡ여 ᄃᆞᆰᄃᆞᆰ 기여 너허 소이 즐게 ᄒᆞ여 지질 적 ᄲᅡ딜 ᄃᆞ시 너허야 소히 보드랍고 지지기를 노고 바닥의 슈슈ᄃᆡ나 ᄡᆞᆯ리나 노코 부어가 크거든 기름을 쟈근 죵ᄌᆞ로 반 죵ᄌᆞ나 두어 ᄭᆡ국을 제 몸이 넉넉이 ᄌᆞᆷ길 만치 ᄒᆞ여 붓고 녹난토록 ᄭᅳᆯ힌 후의 ᄀᆞᄅᆞ즙을 ᄒᆞ여 붓고 ᄀᆞᄅᆞ 내 업시 ᄒᆞᆫ소금을 ᄭᅳᆯ혀 내면 됴코 훗국을 ᄒᆞ여 붓거나 훗기름을 텨도 마시 업셔지니 브ᄃᆡ 아니 국을 마초ᄒᆞ여야 됴흐니라

부어 디질 적 슈슈ᄃᆡ나 ᄡᆞ리 ᄭᆞᆯ기ᄂᆞᆫ 노고 바닥의 붓틀가 ᄒᆞ여 ᄆᆞ음ᄭᆞᆺ 디지기를 위ᄒᆞᆫ 일이라

붕어찜 만드는 법

붕어찜 소를 닭이나 꿩고기나 하면 유활하고 부드러워 좋다. 닭이나 꿩고기가 없으면 쇠고기로 소를 하되 특별히 나른하게 두드린다. 기름장을 치고 파, 마늘, 후춧가루, 밀가루 조금 넣고, 달걀을 까서 닥닥 개어 넣어 조금 질게 한다. 지질 때에 (붕어의 뱃속에 소를) 빠질 듯이 (많이) 넣어야 속이 보드랍다. 지질 때 노구 바닥에 수수대나 싸릿대를 놓는다. 붕어가 크면 기름을 작은 종지로 반종지 정도 넣고, 깻국을 제 몸이 넉넉히 잠길 만큼 하여 붓고 녹난토록 푹 끓인다. 가루즙을 하여 붓고 가루 냄새가 나지 않도록 한소끔 끓여 내면 좋다. 훗국으로 하여 붓거나 훗기름을 쳐도 맛이 없어지니 부디 처음부터 국물을 맞추어 부어야 좋다.

붕어를 지질 때에 수수대나 싸리 깔기는 노구 바닥에 붙을 까 하여 마음껏 지지기를 위한 일이다.

재료 및 분량 | 4인분 기준 |

붕어(중) 3마리
닭고기(또는 꿩고기) 150g
달걀 1개
밀가루 1큰술
참기름 1큰술
수숫대(또는 싸릿대)

닭고기 양념

국간장 2작은술
참기름 4작은술
다진 파 2작은술
다진 마늘 2작은술
후춧가루 ¼작은술
밀가루 1작은술

깻국

볶은 실깨 1컵
물 1컵
소금 1작은술
참기름 1큰술

만드는 방법

1 붕어는 비늘을 벗기고 머리와 꼬리 쪽은 남기고 등을 갈라 내장을 제거한 후 깨끗이 씻는다.
2 닭고기는 곱게 다져 양념하여 소를 만든다.
3 붕어 뱃속을 물기 없이 하여 밀가루를 뿌리고, ②의 소를 채워 넣고 밀가루로 등을 붙인다.
4 볶은 실깨에 물과 소금을 넣어 곱게 갈아 깻국을 만든다.
5 솥에 수숫대나 싸릿대를 깔고 ③의 붕어를 넣은 후 참기름과 깻국을 부어 끓인다.

참고사항

◎ 붕어찜 소를 닭고기나 꿩고기로 하면 유활하고 부드러워 좋다.

저편

뎌편

뎌육을 날 반 남아 닉으니 반 모춤 ᄂᆞ른이 두ᄃᆞ려 천초ᄀᆞᄅᆞ 마늘 파 싱강 너코 녹말 너허 두드려 기름 지령 마초 너허 뭉쳐 어러미의나 노하 쪄 치와 빠흐라 초지령 딕어 먹ᄂᆞ니라

저편

반쯤 익은 돼지고기를 반 정도 나른하게 두드린다. 천초가루, 마늘, 파, 생강 넣고 녹말 넣어 두드린다. 기름과 간장을 맞춰 넣어 뭉쳐서 어레미에 놓아 쪄서 식힌 후 썬다. 초간장을 찍어 먹는다.

재료 및 분량 | 4인분 기준 |

돼지고기(목심살) 400g

고기양념

다진 파 3큰술
다진 마늘 1½큰술
다진 생강 2작은술
천초가루 1작은술
녹말 2큰술

양념

참기름 2큰술
간장 4큰술

초간장

간장 2큰술
식초 1큰술
잣가루 ¼작은술

만드는 방법

1 돼지고기는 끓는 물에 반쯤 익도록 삶아 꺼내 굵게 다진다.
2 ①에 고기양념을 하여 잘 섞은 후 다시 곱게 다진다.
3 ②에 참기름과 간장으로 양념하여 주물러 0.7cm 두께로 반대기를 지어 뜨거운 김이 오르는 찜통에 올려 15분간 찐다.
4 고기가 다 익으면 꺼내어 식으면 2×3cm로 썬 후 그릇에 담고, 초간장을 곁들여낸다.

참고사항

◎ 돼지고기를 삶을 때 마늘, 대파, 통후추를 넣어 잡내를 없앴다.

생복찜

싱복찜
싱복찜을 가 오리고 녑흘 드는 칼노 소 녀흘 만치 버히고 만도소롤 가득이 녀허 뵈예 빠 쪄 즙 언져 쓰느니라

생복찜
생복찜은 생복의 가장자리를 오리고 옆을 (잘) 드는 칼로 소 넣을 만큼 베고, 만두소를 가득히 넣어 베보에 싸 쪄내어 (베보를 풀고) 즙을 얹어 쓴다.

재료 및 분량 | 4인분 기준 |

생전복(대) 8개
쇠고기(우둔살) 50g
표고버섯 3장

양념
국간장 ½작은술
설탕 ½작은술
다진 파 ½작은술
다진 마늘 ½작은술
참기름 ½작은술
깨소금 ¼작은술
후춧가루 ⅛작은술

즙
국간장 ½작은술
녹말 1큰술
물 ½컵

베보자기

만드는 방법

1 생전복은 소금으로 문질러 씻은 후 살을 떼어내어 내장을 제거하고 가장자리를 도려낸다.
2 전복의 윗면에 사선으로 칼자국을 2~3번 낸다.
3 쇠고기, 표고버섯, 도려낸 전복살을 곱게 다져 양념한다.
4 칼자국을 낸 전복에 ③의 소를 넣어 베보자기에 싸서 쪄낸다.
5 즙은 물에 국간장과 녹말을 섞어 걸쭉하게 끓여 식으면 위에 끼얹는다.

생치찜

싱치찜

싱치을 각을 쩌 뼈을 바라고 고기을 두다려 양념을 맛잇게 ᄒᆞ여 쇼을 녀허 다리 모양 잇게 민드라 가로 약간 무쳐 ᄃᆞᆰ의알 쓰여 기름의 지지고 박오가리 무오 잡탕쳐로 뻐흐러 무라게 ᄒᆞ고 국물을 맛잇게 ᄒᆞ여 잠간 ᄭᅳ려 니고 우의 ᄃᆞᆰ알과 표고 셕이 고이 뻐흐러 언ᄂᆞ니라 미ᄂᆞ리 슉쥬도 언ᄂᆞ니라

생치찜

꿩고기를 각을 떠 뼈를 바르고 고기를 두드려 양념을 맛있게 한다. 소를 넣어 다리 모양이 있도록 만들어 가루를 약간 묻혀 달걀을 씌워 기름에 지진다. 박오가리와 무를 잡탕처럼 썰어 무르게 하고 국물을 맛있게 하여 잠깐 끓여 낸다. 그 위에 달걀, 표고버섯, 석이버섯을 곱게 썰어 얹는다. 미나리, 숙주도 얹는다.

재료 및 분량 | 4인분 기준 |

꿩 1마리
꿩 육수 1컵
달걀 3개
(건)박오가리 50g
무 50g
표고버섯 3장
석이버섯 1장
미나리 20g
숙주 20g
밀가루 ½컵
국간장 1작은술

꿩고기 양념

국간장 2작은술
다진 파 2작은술
다진 마늘 2작은술
배즙 2작은술
참깨 1작은술
참기름 1작은술
후춧가루 ½작은술

유장

소금 1작은술
참기름 1큰술

만드는 방법

1 꿩은 각을 떠 뼈를 발라 꿩고기는 곱게 다져 양념하고, 꿩의 뼈는 육수를 내어 면보에 거른다.
2 양념한 꿩고기는 꿩다리 모양처럼 빚어 밀가루 묻혀 달걀을 씌워 기름에 지진다.
3 마른 박오가리는 물에 불려 물기를 짜서 3cm 길이로 자르고, 무는 3×2cm 길이로 썬다.
4 표고버섯과 석이버섯은 손질하여 채 썰고, 미나리는 다듬어 5cm 길이로 썰고, 숙주는 거두절미한다. 달걀 2개는 황백지단을 부쳐 곱게 채 썬다.
5 꿩 육수에 ③의 박오가리와 무를 넣어 국간장으로 간을 하여 끓인다.
6 ④의 표고버섯과 석이버섯은 유장 양념 후 볶고, 미나리와 숙주는 살짝 데쳐 유장 양념한다.
7 ⑤에 ②를 넣어 끓인 후 ⑥과 함께 황백지단채, 미나리, 숙주, 석이채를 올린다.

오계찜

오계찜
오계를 졍이 실ᄒᆞ여 그 소를 내고 안집을 왼이 졍이 ᄲᅵ서 속의 녀코 황육 호초 잣 파 ᄉᆡᆼ강 표고 셕이 ᄒᆞᆫ듸 두ᄃᆞ려 감쟝 걸너 ᄭᆡ소금 ᄒᆞᆫ듸 걸너 버무려 제 속의 녀코 소 ᄲᅡ디디 아니케 호와 실늬 담아 ᄶᅧᄂᆡ여 속 제금 겻드려 ᄡᅳ라

오계찜
오계를 깨끗이 실하여 그 속을 내고 안집을 통째로 깨끗이 씻어 속에 넣고 쇠고기, 후추, 잣, 파, 생강, 표고버섯, 석이버섯 한데 두드려 감장 걸러 깨소금 한데 버무려 제 속에 넣고 소 빠지지 않게 호아 시루에 담아 쪄 내여 속 따로 곁들여 쓴다.

재료 및 분량 | 4인분 기준 |

오골계 1마리(1kg)
쇠고기 150g
(불린)표고버섯 30g
석이버섯 10g

양념
간장 2큰술
다진 파 20g
다진 생강 10g
후춧가루 1작은술
잣가루 1큰술
깨소금 1큰술

실

만드는 방법

1 오골계는 내장(위, 심장, 간, 허파)을 빼고 깨끗이 씻는다.
2 꺼낸 내장도 손질하여 깨끗이 씻어 오골계 뱃속에 넣는다.
3 쇠고기, 불린 표고버섯, 손질한 석이버섯은 다지고 다진 파, 다진 생강, 후춧가루, 잣가루, 간장, 깨소금을 넣어 양념한다.
4 오골계 뱃속에 ③을 넣고 소가 빠지지 않도록 구멍을 실로 꿰매고, 두 다리는 한데 모아 실로 동여맨다.
5 오골계를 그릇에 담아 시루에 넣고 2시간 동안 찐다.
6 먹을 때는 소를 꺼내어 따로 곁들인다.

참고사항

◎ 원문의 안집은 위, 심장, 간, 허파를 말한다.

양소편

양쇼편

양을 ᄭᅳᆯᄂᆞᆫ ᄆᆞᆯ의 실ᄒᆞ여 죠흔 암ᄃᆞᆰ과 젼복 ᄒᆡ삼 ᄆᆡ오 블워 그 양 ᄡᆞ고 바ᄂᆞᆯ노 감쳐 ᄆᆡᆼᄆᆞᆯ의 무ᄅᆞ녹도록 고아 무ᄅᆞ거든 그 ᄆᆞᆯ의 지령 ᄉᆞᆷᄉᆞᆷ이 타 ᄆᆡ이 ᄭᅳᆯ혀 내여 졈여 초 쳐 쓰고 제 국의 ᄀᆞᄅᆞ 타 호초ᄀᆞᄅᆞ 쎄워 ᄡᅥ도 조흐니라

양소편

양을 끓는 물에 실하여 좋은 암탉과 전복, 해삼을 매우 불려 그 양 싸고 바늘로 감쳐 맹물에 무르녹도록 고아. 무르거든 간장 삼삼이 타 매우 끓여 내어 저민다. (식)초를 쳐서 쓰고 제 국에 가루(밀가루)를 타 후춧가루 뿌려 써도 좋다.

재료 및 분량 | 4인분 기준 |

양 1.6kg
밀가루 2컵
닭 1마리(1kg)
전복 4개(200g)
불린 해삼 2개(200g)
물 5L

국물

양즙 4컵
밀가루 4작은술
국간장 2~3큰술
식초 2작은술
후춧가루 ¼작은술

만드는 방법

1 양은 자르지 말고 생긴 그대로 손질하여 보자기처럼 펼친다.
2 닭은 내장을 빼내고 속을 말끔히 긁어내고 씻은 후 살만 크게 떠낸다.
3 전복은 솔로 문질러 씻어 끓는 물에 데쳐서 살을 껍질에서 떼어 내고 내장은 없앤다.
4 양의 한쪽 면에 밀가루를 얇게 바르고, 가운데에 닭고기, 전복, 손질한 해삼을 놓고 꼭꼭 감싼 뒤 벌어지지 않게 굵은 면실로 묶는다.
5 솥에 ④를 넣고 물을 넉넉히 붓고 양이 부드러워질 때까지 3~4시간 푹 곤다. 끓어오르고 물이 줄면 도중에 물을 보충해주면서 약한 불로 끓인다.
6 대나무 젓가락으로 찔러 쑥 들어가면 양을 건져내어 식힌 후 실을 풀고 1cm 정도로 도톰하게 저민다.
7 밀가루에 ⑤의 양즙을 조금 떠서 섞은 후 남은 양즙에 타서 저으며 한 번 더 끓여 약간 걸쭉한 국물을 만들고 마지막에 간장으로 간한다.
8 ⑥의 저민 양편을 그릇에 담고, ⑦의 따뜻한 국물을 붓는다. 식초와 후춧가루를 곁들인다.

참고사항

◎ 양은 소의 위(胃)다. 반추동물의 위는 4개의 실(室)로 되어 있는데, 첫 번째 위를 양, 두 번째 위를 벌집양, 세 번째 위를 처녑, 네 번째 위를 홍창 또는 막창이라 한다. 각각의 위실은 그 질감과 맛이 다르다.
◎ 양 손질법 : 양은 밀가루와 소금을 뿌리고 바락바락 주물러 씻어 펄펄 끓는 물에 튀해내어 검은 막을 말끔히 긁어낸다. 긁을 때는 전복 껍질이나 칼날로 하얀 면이 나타나도록 벗기고, 안쪽에 붙은 기름 덩어리나 막도 깨끗이 벗긴다.

양찜 하는 법

양찜 ᄒᆞᄂᆞᆫ 법

양 ᄒᆞᆫ 보를 튀ᄒᆞ여 ᄃᆞᆰ ᄒᆞ나흘 조히 삐서 안집 ᄂᆡ고 그 속의 지령 닷 곱 기룸 서 홉 호초ᄀᆞ로 진ᄀᆞᄅᆞ 죠곰식 녀혀 가죽을 실노 ᄒᆞ고 양의 빠셔 마즌 항의 너코 ᄇᆡ추 쉰무오 쳐여 거ᄉᆞᆯ 틈을 메오고 헝것ᄎᆞ로 여러 번 구디 빠미여 큰 솟 안의 녀코 딜그랏 덥고 ᄀᆞ의 틈 업시 흙 ᄇᆞᆯ나 쇠머리 고오 듯 ᄒᆞ면 ᄃᆞᆰ이 뼈 디녹ᄂᆞᆫ 듯 ᄒᆞ고 양 마시 더욱 만나니라
물이 쓸허 나거든 ᄀᆞ장 씌워 뭉그시 ᄒᆞ여야 무ᄅᆞ고 됴흐니라

양찜 하는 법

양 1보를 튀하여 닭 하나를 깨끗이 씻어서 내장을 꺼내고 그 속에 간장 5홉, 기름 3홉, 후춧가루, 밀가루를 조금씩 넣어 가죽을 실로 호고, 양에 싸서 맞는 항아리에 넣는다. 배추, 순무를 채워 겉을 틈을 메우고 헝겊으로 여러 번 단단히 싸매어 큰 솥 안에 넣고 질그릇 덮고 가를 틈없이 흙으로 발라 소머리 고듯하면 하면 닭의 뼈 다 녹는 듯하고 양 맛이 더욱 맛있다. 물이 많이 끓으면 아주 약한 불로 뭉근히 하여야 무르고 좋다.

재료 및 분량 | 4인분 기준 |

양 1.8kg
밀가루 2컵
굵은 소금 1컵
닭 1마리(1kg)
배추 ½포기
순무 4개

소

밀가루 2컵
물 1컵
참기름 ½컵
간장 ½컵
후춧가루 1큰술

실
면보

만드는 방법

1 양은 생긴 그대로 밀가루와 소금을 뿌려 주물러 깨끗이 한 후 끓는 물에 튀하여 검은 막을 벗겨 하얗게 하고 기름도 잘 떼어낸다.
2 닭은 뱃속의 내장을 없애고 깨끗이 씻어 물기를 없앤다.
3 소 재료를 섞어서 닭의 뱃속에 채우고 실로 묶는다.
4 닭을 양으로 단단히 싸맨 다음 알맞게 들어갈 작은 항아리에 담고, 배추는 ¼쪽, 순무는 ½등분하여 가장자리를 채우고 면보로 덮어 단단히 싸맨다.
5 큰 솥 안에 항아리를 안치고 항아리뚜껑을 덮고 다시 솥뚜껑을 덮어 중탕한다.
6 처음에는 센 불에서 1시간 정도 끓이다가 약한 불로 3~4시간 더 끓이는데, 꼬챙이로 찔러 닭까지 쑥 들어갈 정도가 될 때까지 뭉근히 끓인다.

양편

양편

양을 ᄀᆞ장 희게 실ᄒᆞ여 속의 제 기름을 일졀 업시 ᄒᆞ고 양이 반 보만 ᄒᆞ거든 기름 너 홉 쟝은 마솔 보아 마초고 ᄀᆞ장 됴흔 ᄃᆞᆰ ᄒᆞ나흘 속 업시 실ᄒᆞ여 천초 녀허 마존 항의 양의 ᄃᆞᆰ을 빠 녀허 국을 부어 항의 노블을 고와 쓰라 항의 노 고오면 빗치 옥ᄀᆞᆺ치 곱고 졍ᄒᆞ니라 양 무ᄅᆞ녹아 됴커든 내여 약과마콤 빠흐라 호초 싱강 잣 두ᄃᆞ려 언저 쓰라

양편

양을 매우 희게 실하여 속의 제 기름을 일절 없이 한다. 양이 반보만 하면 기름 4홉과 장은 맛을 보아 맞춘다. 가장 좋은 닭 하나를 속없이 실하여 천초 넣고 (양에 닭을 싼 후) 맞는 항아리에 넣고 국을 부어 항아리에 노불을 고아 쓴다. 항아리에 넣어 고면 빛이 옥같이 곱고 깨끗하다. 양이 무르녹아 좋으면 내어 약과만큼 썰고, 후추, 생강, 잣을 두드려 얹어 쓴다.

재료 및 분량 | 4인분 기준 |

양 1.2~1.5kg
닭 600g
밀가루 3큰술(양 손질용)
천초가루 2작은술
소금 1작은술
간장 5큰술
참기름 3큰술
물

고명

생강가루 1작은술
후춧가루 1작은술
잣가루 1큰술

만드는 방법

1. 양은 끓는 물에 튀하고 검은 막을 긁어 하얗게 하고, 안쪽에 붙은 기름 덩어리나 막도 깨끗이 없애고, 밀가루로 문질러 씻는다.
2. 닭은 내장을 꺼내고 핏기를 말끔히 없앤 후 배를 갈라 벌려서 뼈를 바르고, 안쪽에 천초가루와 소금을 뿌린다.
3. ②의 닭을 오므려 손질한 양에 놓고 잘 싸맨 후 작은 항아리에 넣고 간장과 참기름을 탄 물을 붓고 그릇째 큰 솥에 넣고 중탕으로 약한 불에서 6시간 이상 곤다. 도중에 중탕용 물이 없어지지 않게 물을 보충한다.
4. 양이 충분히 무르게 익으면 꺼내어 닭을 꺼내고 양은 약과 크기로 네모지게 썰고 닭고기도 알맞은 크기로 찢어 그릇에 담는다,
5. 국물을 덥혀서 붓고 먹을 때 후춧가루, 생강가루, 잣가루를 뿌려 낸다.

참고사항

◎ 손질한 양을 곱게 다져 양념하여 사기그릇에 담아 중탕하여 베보에 짜서 즙을 마시면 여름에 좋은 보신음식이 된다.

천초계

쳔초계
닭을 죄 ᄡᅵ서 ᄉᆞ지를 ᄯᅥ 둘희 ᄌᆞᆯ나 기름 ᄒᆞᆫ 죵ᄌᆞ만 부어 닉게 ᄉᆞᆱ마 항의 녀코 초 ᄒᆞᆫ 죵ᄌᆞ 술 ᄒᆞᆫ 죵ᄌᆞ 붓고 지령국 간간이 ᄒᆞ여 붓고 쳔초 ᄡᅵ 업시 ᄒᆞ여 녀허 항을 유지로 ᄐᆞᆫᄐᆞᆫ이 ᄡᆞᄆᆡ여 듕탕ᄒᆞ여 고오기를 무ᄅᆞ녹게 ᄒᆞ여 내면 됴흐니라

천초계
닭을 모두 씻어 사지를 떠서 둘로 잘라 기름 1종지만 부어 익게 삶아 항아리에 넣고 식초 1종지와 술 1종지를 붓고, 간장국을 간간이 하여 붓는다. 천초를 씨 없이 하여 넣고 항아리를 유지로 단단히 싸맨다. (항아리를) 중탕하여 무르녹게 고아 내면 좋다.

재료 및 분량 | 4인분 기준 |

닭 1마리(1.5kg)
참기름 3큰술
식초 3큰술
청주 3큰술
천초 1큰술
간장국(간장 3큰술, 육수 1L)
기름종이

만드는 방법

1 닭은 내장을 빼고 깨끗이 씻어서 날개와 다리를 자르고(4각을 뜨고) 몸통을 반으로 자른다.
2 솥에 참기름을 두르고 날개와 다리, 몸통을 겉이 익을 정도로 지진다.
3 천초는 씨를 빼고 가루를 낸다.
4 항아리에 익힌 닭을 넣고 식초, 술, 간장국을 붓고 천초가루를 뿌린다.
5 항아리의 입구를 기름종이로 단단히 싸매어 솥에 넣고 2시간 동안 중탕한다.

칠영계찜

칠영계찜

ᄃᆞᆰ과 고기 너허 살마 ᄂᆡ여 ᄢᅵ져 도라지 갸름ᄒᆞ게 잘나 너코 미ᄂᆞ리도 너흐랴면 너코 기름 양염 너코 국을 ᄌᆞ즐ᄒᆞ여 ᄒᆞᆫ솝금 ᄭᅳ려 ᄂᆡ면 조흐니라

칠영계찜

닭과 고기를 넣어 삶아 내어 찢는다. 도라지를 갸름하게 잘라 넣고 미나리도 넣으려면 넣는다. 기름 양념을 넣고 국을 자작하게 한소끔 끓여내면 좋다.

재료 및 분량 | 4인분 기준 |

닭 1마리(1.5kg)
물 2L
쇠고기 300g
도라지 50g
미나리 70g
참기름 1큰술

양념

다진 파 1큰술
다진 마늘 1작은술
후춧가루 1작은술
간장 1½큰술

만드는 방법

1 닭은 내장을 빼고 깨끗이 손질하여 씻는다.
2 솥에 물 2L를 붓고 닭고기와 쇠고기를 넣어 1시간 동안 삶는다.
3 닭고기와 쇠고기는 꺼내어 약 3cm 길이로 찢고, 국물은 식혀서 기름을 걷어낸다.
4 도라지는 소금을 넣고 주물러 쓴 맛을 빼고 3cm 길이로 잘게 찢는다.
5 미나리는 깨끗이 씻어 3cm 길이로 썬다.
6 닭고기와 쇠고기, 도라지에 참기름과 양념을 한다.
7 ⑥을 솥에 넣고 ③의 닭 국물을 부어 끓이다가 미나리를 넣고 한소끔 끓인다.

죽순찜

듁슌찜
듁슌을 ᄀᆞ장 연ᄒᆞ고 ᄉᆞᆯ진 듁슌을 ᄉᆞᆱ마 믈의 ᄃᆞᆷ가 우러나거든 ᄆᆞ디롤 통케 파 ᄇᆞ리고 고기소롤 만도소 ᄀᆞ독이 다져 녀허 ᄶᅧ내여 느롬미 즙과 ᄀᆞᆺ치 ᄒᆞ여 언저 ᄡᅳ라 팀듁슌이라도 살마 우려 ᄇᆞ리고 이대로 하면 됴흐니라

죽순찜
가장 연하고 살찐 죽순을 삶아 물에 담가 우러나거든 마디를 통하게 파 버린다. 고기소를 만두소 같이 다져 넣어 쪄내어 느르미즙과 같이 하여 얹어 쓴다. 침죽순이라도 삶아 우려 버리고 이대로 하면 된다.

재료 및 분량 | 4인분 기준 |

죽순 5개(400g)
쇠고기(불고기용) 100g

쇠고기 양념
간장 1큰술
다진 파 1작은술
다진 마늘 ½작은술
참기름 1작은술
후춧가루 ⅛작은술

즙
밀가루 1큰술
국간장 1작은술
물 ½컵
참기름 1작은술

만드는 방법

1 죽순은 머리 부분에 칼금을 내어 쌀뜨물에 넣어 삶아 껍질을 벗긴 후 물에 담가서 우린다.
2 쇠고기는 다져서 갖은 양념을 하여 소로 준비한다.
3 죽순 속의 비늘 사이사이에 양념한 쇠고기를 채운 후 김이 오른 찜통에서 약 20분간 찐다.
4 물에 밀가루, 국간장을 넣고 끓여 걸쭉해지면 참기름을 넣어 즙을 만든다.
5 ③의 죽순이 다 쪄지면 뜨거울 때 즙을 고루 끼얹는다.

물가지찜

믈가지찜
믈가지를 벗겨 가온ᄃᆡ ᄌᆞᆯ나 열십ᄌᆞ로 그어 싱치나 온갓 약염 ᄀᆞ초 녀허 ᄒᆡᆼ긔의 담고 진ᄀᆞ로 걸게 말고 마쵸 타고 ᄭᅮ미를 가지 우희 덥허 ᄶᅧ내여 ᄭᅮ미란 내여 두ᄃᆞ려 즙 언저 ᄡᅳᄂᆞ니라

물가지찜
물가지를 벗겨 가운데 잘라 열십자로 그어 꿩고기나 온갖 양념을 갖춰 넣는다. 놋그릇에 담고 밀가루 걸게 말고 맞춰 타서 꾸미를 가지 위에 덮어 쪄낸다. 꾸미는 내서 두드려 즙에 섞어 얹어 쓴다.

재료 및 분량 | 4인분 기준 |

가지 3개
꿩고기 100g
소금 1작은술

양념
간장 1큰술
설탕 1작은술
다진 파 1작은술
다진 마늘 ½작은술
참기름 1작은술
깨소금 1작은술
후춧가루 ⅛작은술

즙
밀가루 2큰술
간장 2작은술
물 1컵

만드는 방법

1 가지는 껍질을 벗긴 후 5~6cm 길이로 자르고, 윗면에 열십자로 칼집을 낸다. 가지에 소금을 뿌린 후 표면이 살짝 절여져 물기가 생기면 가볍게 물기를 제거한다.
2 꿩고기 살코기를 곱게 다져서 양념하여 ①의 가지 속에 채운다.
3 물에 밀가루와 간장을 섞어 즙을 만든다.
4 놋그릇에 가지를 담고 위에 ②의 남은 꿩고기로 꾸미를 많이 올린 후 밀가루즙을 뿌리고 뜨거운 김이 오르는 찜통에 올려 20분간 찐다.

송이찜

숑이찜
동ᄌᆞ숑이ᄅᆞᆯ 실ᄒᆞ여 열십ᄌᆞ로 그으고 싱치로 약염 ᄀᆞ초 ᄒᆞ여 놋그ᄅᆞ시 듕탕ᄒᆞ디 장국을 마초 ᄒᆞ여 붓고 진말 농말 듕 말게 타 닉거든 ᄡᅳᄂᆞ니라

송이찜
동자송이를 실하여 열십자로 긋고 꿩고기를 양념 갖춰한다. 놋그릇에 중탕하되 장국을 알맞게 붓고 밀가루나 녹말 중 (하나)에 맑게 타 익거든 쓴다.

재료 및 분량 | 4인분 기준 |

송이 10개
꿩고기 50g

꿩고기 양념
간장 ½큰술
다진 파 2작은술
다진 마늘 1작은술
참기름 ½작은술
깨소금 ⅓작은술
후춧가루 ⅛작은술

장국
쇠고기 50g
국간장 1작은술
다진 마늘 1작은술
후춧가루 ⅛작은술
물 2컵

밀가루즙
밀가루(또는 녹말) 2큰술
물 4큰술

만드는 방법

1 송이는 물로 씻지 않고 밑둥 부분의 모래를 살살 긁어내어 손질한 후 갓 부분에 열십자로 칼집을 넣는다.
2 꿩고기는 다진 후 갖은 양념하여 ①의 칼집 낸 부분에 채워 넣는다.
3 ②를 놋그릇에 넣고 중탕하여 찐다.
4 물에 쇠고기, 국간장, 다진마늘, 후춧가루를 넣고 장국을 끓인다.
5 ④에 ③의 송이 찐 것을 넣어 한소끔 끓인 후에 밀가루즙을 넣어 다시 끓인다.

참고사항

◎ 원문에는 지단이 없으나, 지단을 채 썰어 고명으로 올렸다.

전동아찜

뎐동화찜

외마곰 ᄒᆞᆫ 뎐동화ᄅᆞᆯ 부리 젹게 버히고 속을 다 내고 겁질 죄 글거 ᄇᆞ리고 소ᄅᆞᆯ 만나게 ᄒᆞ여 그 속의 ᄀᆞ득 녀허 국을 마초와 노구의 담아 ᄶᅵᄂᆞ니라

전동아찜

외만한 전동아의 꼭지를 작게 베어 속을 다 내고 껍질을 모두 긁어버린다. 소를 맛있게 하여 그 속에 가득 넣어 국물에 간을 맞추어 노구에 담아 찐다.

재료 및 분량 | 4인분 기준 |

동아(껍질 있는 어린 동아) 2개(650g)
닭가슴살 400g
(불린) 토란대 100g
차조기잎 20g
전분 1작은술

소 양념

형개가루 ½작은술
천초가루 ¼작은술
다진 파 1½큰술
다진 생강 1작은술
유장(국간장 2작은술, 참기름 1작은술)

국물

국간장 1작은술
물 2컵

만드는 방법

1 외만 한 전동아를 씻어 꼭지를 잘라 내고 속을 파낸다.
2 닭가슴살은 포를 떠서 다지고, 불린 토란대와 차조기잎도 곱게 다진다.
3 ②에 형개가루, 천초가루, 다진 파, 다진 생강을 함께 섞은 후 유장으로 양념하여 소를 만든다.
4 ①의 동아 속에 ③의 소를 넣고, 전분을 바른 후 꼭지 뚜껑을 덮는다.
5 ④를 그릇에 담아 국물을 붓고 솥에 넣어 국물을 뿌려 주면서 찐다.

참고사항

◎ 문주법과 유사하나, 전동아는 연하면서 호박보다는 빨리 무르지 않아 형태 유지가 수월하다.

잡산적

잡산적
머리골을 젼유ᄀᆞᆺ치 졈여 ᄭᅳᆯᄂᆞᆫ 물의 담거나 쟝국의나 너허 데쳐 내여 젹 ᄉᆞᆯᄉᆞᆯ이 ᄒᆞ여 ᄢᅦ여 진말 잠간 ᄲᅮ려 굽ᄂᆞ니라
집신굴을 ᄭᅳᆯᄂᆞᆫ 믈의 데쳐 ᄢᅦ여 구으면 됴흐니라 파 셕고 ᄀᆞᄅᆞ ᄲᅮ려 굽ᄂᆞ니라

잡산적
머릿골을 전유같이 저며 끓는 물에 담거나 장국에나 넣어 데쳐 낸다. 적 살살 꿰어 밀가루 조금 뿌려 굽는다. 집신굴을 끓는 물에 데쳐 꿰어 구우면 좋다. 파를 섞고 가루를 뿌려 굽는다.

재료 및 분량 | 4인분 기준 |

머리골 200g
굴 200g
대파 100g
밀가루 ¼컵
소금 ½작은술
후춧가루 ¼작은술
장국(또는 물) 2컵
지짐용 기름 1큰술

대꼬챙이 6개

만드는 방법

1 머리골을 깨끗하게 손질하여 3×4×0.5cm 크기로 저민 후 소금, 후춧가루를 뿌린다.
2 ①을 끓는 물이나 장국에 데친다.
3 굴은 소금물에 흔들어 씻어 끓는 물에 데친다.
4 대파는 3×4×0.5cm 크기로 썬 후 소금, 참기름으로 밑간을 한다.
5 ①의 머리골과 ③, ④의 굴과 대파를 차례로 대꼬챙이에 꿴 후 밀가루를 조금 뿌리고, 기름을 두른 팬에 지진다.

간 지지는 법

간 지지는 법
간 지지ᄂᆞᆫ 법
간을 엷게 졈여 ᄃᆞᆰ이나 싱치나 소ᄅᆞᆯ 약염 ᄀᆞ로 녀허 복가 어만도 빠듯 ᄒᆞ여 녹말 무쳐 지져 ᄡᅳᄂᆞ니라

간 지지는 법
간을 얇게 저미고, 닭이나 꿩고기를 소로 양념 (갖춰) 넣어 볶아 어만두 싸듯 하여 녹말 묻혀 지져 쓴다.

재료 및 분량 | 4인분 기준 |

쇠간 300g
닭고기(또는 꿩고기) 100g
소금 ½
후춧가루 ¼작은술
녹말 2큰술
지짐용 기름

닭고기 양념
간장 1큰술
다진 파 1작은술
다진 마늘 ½작은술
참기름 1작은술
후춧가루 ⅛작은술

만드는 방법

1 간은 깨끗한 물에 씻고 피막을 벗긴 후 0.5cm 두께로 얇게 저미고, 면보로 눌러 물기를 제거한 후 소금, 후춧가루로 간을 한다.
2 닭고기는 곱게 다져서 갖은 양념하여 소로 사용한다.
3 ②의 소를 ①에 넣어 3×4cm 크기로 어만두처럼 싼 후 녹말을 묻힌다.
4 팬에 기름을 두르고 지진다.

붕어전

부어뎐

ᄒᆞᆫ 치 두 치식 ᄒᆞᆫ 부어ᄅᆞᆯ 조히 ᄡᅵ서 ᄀᆞᆫ 되오 쳐 들거든 ᄎᆞᆯᄡᆞᆯᄀᆞᆯ이나 녹말ᄀᆞᆯ이나 무쳐 기ᄅᆞᆷ의 지져 ᄆᆞᄅᆞᆫ안쥬 ᄒᆞᄂᆞ니라

붕어전

1치나 2치 정도 크기의 붕어를 깨끗이 씻어 간 되게 (소금을) 쳐 (간이) 들거든 찹쌀가루나 녹말가루를 묻혀 기름에 지져 내 마른 안주로 한다.

재료 및 분량 | 4인분 기준 |

붕어 2마리(600g)
찹쌀가루(또는 녹말) 3큰술
소금 1작은술
지짐용 기름

만드는 방법

1 붕어는 비늘과 내장을 제거한 후 깨끗이 씻어 물기를 제거하고 소금을 골고루 뿌린다.
2 붕어에 간이 들면 물기를 제거한 후 찹쌀가루나 녹말을 묻힌다.
3 달구어진 팬에 기름을 두르고 붕어를 지진다.

참고사항

◎ 원문에는 1치나 2치 붕어를 사용한다 하였으나, 3~6cm 크기의 붕어는 구입이 어려워 중간 크기의 붕어를 포를 떠서 전을 만들었다.

닭회

닭회
ᄃᆞᆰ을 졈여 농말 무쳐 지져 초지령 ᄒᆞ여 먹ᄂᆞ니라

닭회
닭을 저며 녹말 묻혀 지진다. 초간장을 하여 먹는다.

재료 및 분량 | 4인분 기준 |

닭 가슴살 500g
소금 ½작은술
흰 후춧가루 ½작은술
녹말 ½컵
지짐용 기름 3큰술

초간장
간장 2큰술
식초 1큰술
잣가루 ¼작은술

만드는 방법

1 닭 가슴살을 깨끗이 씻어 0.5cm 두께로 저미고 소금, 흰 후춧가루를 뿌린다.
2 ①의 닭고기에 녹말을 묻힌다.
3 달구어진 팬에 기름을 두르고 ②를 넣어 앞뒤를 지져낸다.
4 초간장을 찍어 먹는다.

참고사항

◎ 음식명은 닭회지만 조리법으로 보아 닭전이라 할 수 있다.

난느르미

낫느ᄅᆞ미
ᄃᆞᆰ긔알흘 만히 ᄣᅡ려 쳥쥬 죠곰 치고 지령 ᄒᆞᆯ 만치 쳐 ᄀᆡ여 그ᄅᆞᄉᆡ 담아 어릐거든 마초 ᄲᅡᄒᆞ라 느ᄅᆞ미ᄀᆞᆺ치 ᄢᅦ여 즙 언져 ᄡᅳᄂᆞ니라

난느르미
달걀을 많이 깨서 청주를 조금 치고, 간장 넣을 만큼 쳐 개어 그릇에 담아 (중탕하여) 어리거든 맞춰 썬다. 느르미 같이 꿰어 즙 얹어 쓴다.

재료 및 분량 | 4인분 기준 |

달걀 6개

양념
청주 3큰술
국간장 1큰술

즙
밀가루 2큰술
물 1컵
간장 2작은술

만드는 방법

1 달걀을 깨서 청주와 국간장으로 양념하고, 난황과 난백이 잘 섞이도록 저어 준다.
2 그릇에 ①을 붓고 속까지 완전히 익을 때까지 중탕한다.
3 ②의 중탕한 달걀을 꺼내어 1×1×6cm 크기로 썰어 꼬치에 꿴다.
4 밀가루를 물에 풀어 저으면서 끓이다가 간장을 넣어 즙을 만든 후 끼얹어 낸다.

가지느르미

가지느름이

믈가지ᄅᆞᆯ 벗겨 ᄒᆞᆫ 치마곰 납쟉납쟉 ᄡᅥ흐러 젹고시 ᄢᅦ여 제 몸이 닉을 만치 구어 즙 ᄇᆞᄅᆞ련니와 즙의 고기 두드려 섯거 ᄇᆞᆯ나 구어 먹고 연포 즙쳐로 어리도 ᄡᅳᄂᆞ니라

가지느름이

물가지를 (껍질을) 벗겨 1치만큼 납죽납죽 썰어서 적꼬치에 꿰어 제 몸이 익을 만큼 굽는다. 즙을 바르려니와 즙에 그 고기를 두드려서 섞어 발라 구워 먹고, 연포즙처럼 어리도 쓴다.

재료 및 분량 | 4인분 기준 |

가지 2개
쇠고기(우둔) 80g
밀가루 2큰술
지짐용 기름

고기 양념

소금 ½작은술
후춧가루 ⅛작은술

반죽용 즙

밀가루 3큰술
간장 2작은술
물 ½컵

대꼬챙이

만드는 방법

1. 가지는 껍질을 대강 벗기고, 4등분하여 3cm 길이로 자르고 다시 열십자로 가늘게 썰어 대꼬챙이에 꿴다.
2. 쇠고기는 곱게 다져서 소금과 후춧가루로 양념한다.
3. 물에 밀가루와 간장을 넣어 잘 섞은 후 ②의 양념한 쇠고기를 넣어 반죽한다.
4. 꼬치에 꿴 가지에 밀가루를 얇게 묻힌 후 다시 ③의 반죽을 앞뒤로 발라 뜨거운 팬에서 지진다.

떡볶이

ᄯᅥᆨ복기 ᄯᅥᆨ을 잡탕 무오보다 조곰 굴게 ᄲᅥ흘고 져육 미ᄂᆞ리 슉쥬 고기을 담가 블근 믈을 업시 ᄒᆞᆫ 후 가ᄂᆞ리 두다려 양념ᄒᆞ여 즈즐ᄒᆞ게 익여 펴 ᄂᆡ고 ᄯᅥᆨ 슈젼보아 장국을 만나게 ᄭᅳ려 양념과 ᄯᅥᆨ을 ᄒᆞᆫᄃᆡ 녀허 복가 ᄂᆡᄂᆞ이라 도라지 박오가리 표고도 너코 셕니 표고 ᄃᆞᆰ의알 브쳐 ᄀᆞᄂᆞ리 ᄲᅥ흐러 언ᄂᆞ니라

떡볶이 떡을 잡탕 무보다 조금 굵게 썬다. 돼지고기, 미나리, 숙주, 고기를 담가 붉은 물을 없게 한 후 가늘게 두드려 양념하여 즈즐하게 익혀 펴서 낸다. 떡수전 보아 장국을 맛나게 끓여 양념과 떡을 한데 넣어 볶아 낸다. 도라지, 박오가리, 표고버섯도 넣고, 석이버섯, 표고버섯은 달걀에 부쳐 가늘게 썰어 얹는다.

재료 및 분량 | 4인분 기준 |

가래떡 500g
돼지고기(안심) 100g
도라지 100g
미나리 50g
숙주 100g
박오가리 30g
마른 표고버섯 50g
석이버섯 10g
달걀 1개
장국 1컵
식용유

돼지고기 · 표고버섯 양념
간장 2작은술
설탕 1작은술
다진 파 1작은술
다진 마늘 ½작은술
생강즙 ⅓작은술
참기름 1작은술
깨소금 ½작은술
후춧가루 ⅛작은술

석이버섯 양념
소금 ⅛작은술
참기름 1작은술

나물 양념
다진 파 2작은술
다진 마늘 1작은술
소금 1작은술
참기름 1작은술

만드는 방법

1 가래떡은 5cm로 썰어 4등분 한다.
2 돼지고기는 5×0.5cm로 가늘게 썰어 양념한 후 프라이팬에 재빨리 익혀 낸다.
3 도라지는 4cm 길이로 썰어 소금에 주무른 후 찬물에 씻어 쓴맛을 뺀다. 달구어진 팬에 기름을 두르고 손질한 도라지와 다진 파, 다진 마늘, 소금을 넣고 볶는다.
4 미나리는 4cm 길이로 썰고, 숙주는 거두절미하여 끓는 물에 소금을 넣고 살짝 데친 후 소금과 참기름을 넣어 양념한다.
5 박오가리는 물에 불려서 물기를 제거하고 4cm 길이로 썰고, 다진 파, 다진 마늘, 소금을 넣어 볶는다.
6 마른 표고버섯은 미지근한 물에 불려 가늘게 채 썰어 양념하여 볶는다.
7 석이버섯은 뜨거운 물에 불려 이끼와 돌을 제거한 후 가늘게 찢어 달구어진 팬에 참기름과 소금을 넣고 살짝 볶는다.
8 달걀은 황백을 분리하여 소금을 넣고 잘 풀어서 지단을 부쳐 3~4cm 길이로 가늘게 채 썬다.
9 끓는 장국에 썰어놓은 떡을 넣어 부드러워지면 준비해둔 고기와 채소를 넣어 함께 볶는다.
10 그릇에 담을 때 달걀지단, 석이버섯과 표고버섯을 올린다.

문주

문쥬
어린 호박을 �던지 잠간 삼던지 ᄒᆞᄃᆡ 네희 ᄂᆡ던지 둘의 ᄂᆡ던지 거쥭을 이ᄂᆡ 고기을 두다려 양념ᄒᆞᄃᆡ 만난 고초장 장의 믈게 ᄀᆡᄃᆡ 바라고 기름 발나 구으면 조흐니라

문주
어린 호박을 찌든지 잠깐 삶든지 하되, 넷으로 가르든지 둘로 가르든지 거죽을 이내 고기를 두드려 양념한다. 맛난 고추장에 묽게 개어 바르고 기름을 발라 구우면 좋다.

재료 및 분량 | 4인분 기준 |

애호박 2개
쇠고기(우둔) 80g
소금 1작은술
지짐용 기름 3큰술

고기 양념
간장 1작은술
설탕 ½작은술
다진 파 ½작은술
다진 마늘 ¼작은술
깨소금 ½작은술
참기름 ¼작은술
후춧가루 ⅛작은술

고추장 양념
고추장 2큰술
설탕 2작은술
참기름 2작은술
물 1큰술

만드는 방법

1 가늘고 연한 애호박은 길이로 반으로 갈라 껍질 쪽에 어슷하게 칼집을 2~3번 넣고 잘라 총 4개가 나오게 하고, 끓는 물에 소금을 넣고 살짝 데쳐낸다.
2 쇠고기는 곱게 다진 후 고기 양념한다.
3 ①의 데친 애호박에 ②의 양념한 고기를 박고, 고추장 양념을 발라가며 팬에서 지진다.

동아선

동과선법
셴 동과롤 념 갓아 고이 빠흐라 솟츨 조히 삣고 기롬 조곰 슷치고 잠간 복가 졸 쌔 싱강 마늘 ᄀᆞᄂᆞ리 두ᄃᆞ리고 됴흔 초 셧거 고릇 가에 잠간 둘너 니면 됴흐니라

동과선법
센 동아를 가장자리를 잘라 곱게 썬다. 솥을 잘 씻고, 기름을 조금 두르고, (동아를) 잠깐 볶는다. (볶은 동아를) 조릴 때 생강과 마늘을 곱게 다지고, 좋은 식초를 섞어 그릇 가장자리에 둘러내면 좋다.

재료 및 분량 | 4인분 기준 |

동아(껍질 제거한 동아) 150g
참기름 2큰술
국간장 1작은술
다진 마늘 1작은술
다진 생강 ½작은술
식초 1작은술

만드는 방법

1 동아는 가장자리를 잘라내고 껍질을 벗기고 토막 내어 2×5cm 길이로 얄팍하게 썬다.
2 솥에 기름을 두르고 동아를 투명해지도록 볶는다.
3 볶은 동아에 국간장과 다진 마늘, 다진 생강을 넣어 간을 한다.
4 불을 끄고 접시에 담고 식초를 그릇의 가장자리에 둘러 낸다.

겨자선

계ᄌᆞ선

계ᄌᆞ선은 잠간 복가 내여 계ᄌᆞ를 ᄌᆞᆸᄌᆞᆯ이 ᄀᆡ여 부으면 됴흐니라

겨자선

겨자선은 (동아를) 잠깐 볶아내고, 겨자를 짭짤하게 개어 부으면 좋다.

재료 및 분량 | 4인분 기준 |

동아(껍질 제거한 것) 150g
국간장 1작은술
다진 마늘 1작은술
다진 생강 ½작은술
들기름 2큰술

겨자즙

겨자 1큰술
물 ½큰술

만드는 방법

1 동아는 가장자리를 잘라 껍질을 벗기고 토막 내어 2×5cm 길이로 얄팍하게 썬다.
2 겨자즙은 겨자가루에 섭씨 40℃ 정도의 따뜻한 물에 갠 후 따뜻한 냄비 뚜껑에 올려 5분간 발효시킨다.
3 솥에 기름을 두르고 ①의 동아를 투명해지도록 볶는다.
4 볶은 동아에 국간장과 다진 마늘, 다진 생강, ②의 겨자즙을 넣어 간을 맞춘다.

배추선

빅ᄎᆞ선
빅ᄎᆞ선은 됴흔 빅ᄎᆞ룰 손가락 기릐 마곰 줄나 솟 달호고 기롬 조곰 스쳐 잠간 복가 내고 겨ᄌᆞ룰 죠곰 즙즐이 ᄒᆞ여 쳐 두고 쓰면 됴흐니라

배추선
배추선은 좋은 배추를 손가락 길이만큼 자른다. 솥을 달구고, 기름을 조금 쳐서 잠깐 볶아 낸다. 겨자를 조금 짭짤하게 하여 쳐 두고 쓰면 좋다.

재료 및 분량 | 4인분 기준 |

배추 400g
식용유 2큰술
소금 ⅓작은술

겨자즙
겨자가루 1½작은술
물 1½작은술
식초 1큰술
설탕 1큰술
소금 ½작은술
간장 ⅔작은술

만드는 방법

1 배추는 속대로 골라 손질하여 2×4cm의 손가락 길이로 썬다.
2 겨자가루를 40℃정도의 따뜻한 물에 개어 따뜻한 곳에 두어 발효시킨 후 나머지 겨자즙 재료를 넣고 섞어 겨자즙을 만든다.
3 팬을 달군 후 기름을 두르고 ①의 배추를 넣고 숨이 죽을 정도로 잠깐 볶은 후, 겨자즙 양념을 넣어 버무린다.

참고사항

◎ '선'은 식물성 재료를 주재료로 하고, 동물성 재료를 부재료로 넣어 찜과 비슷하게 조리하는 음식이다. 그러나 본책에서는 식물성 재료만 사용하였으며, 찜의 조리법이 아니고 볶은 후 겨자 양념으로 버무린 음식이다. 실제로 1800년대 후반의 조리서인 《시의전서》의 배추선의 경우 식물성 재료인 배추에 쇠고기와 각종 채소를 함께 사용하고 있는 것에 비해, 본책의 배추선은 배추만 사용하고 있어 재료가 매우 간단하다.

낙지회

낙지회

셩ᄒᆞᆫ 낙지ᄅᆞᆯ ᄭᅳᆯᄂᆞᆫ 믈의 데쳐 내면 발이 ᄯᅥ러지고 겁딜이 다 버겨지거든 강회 마회마콤 ᄡᅡ흐라 지령의 싱강 마ᄂᆞᆯ 파 너허 ᄡᅳᄂᆞ니라 실ᄀᆞᆺ치 ᄧᅳ저 ᄡᅥ도 됴ᄒᆞ니라

낙지회

성한 낙지를 끓는 물에 데쳐내면 발이 떨어지고, 껍질이 다 벗겨지거든 강회 파회만큼 썬다. 간장에 생강, 마늘, 파 넣어 쓴다. 실같이 찢어 써도 좋다.

재료 및 분량 | 4인분 기준 |

낙지(중) 2마리

양념장

간장 4큰술

다진 파 1½큰술

다진 마늘 2작은술

생강즙 1작은술

만드는 방법

1 싱싱한 낙지는 굵은 소금으로 바락바락 주물러 씻은 후 끓는 물에 소금을 넣고 데친다.

2 데친 낙지는 껍질을 벗기고 4~5cm 길이로 썬다.

3 분량의 양념 재료를 섞어 양념장을 만들어 곁들인다.

족편

죡편
죡을 말가ᄒᆞ게 ᄡᅵ서 므ᄅᆞ게 고으ᄃᆡ 믈을 마초 부어 그 믈의 ᄌᆞᆺ게 고아 ᄲᅧ ᄀᆞᆯ히고 덜 프러딘 것 잇거든 두드려 너코 지령 기름 싱강 두ᄃᆞ려 징반의 푼 후 호쵸ᄀᆞᄅᆞ과 잣ᄀᆞᄅᆞᄂᆞᆫ 우흐로 ᄲᅵ여 어릐우ᄂᆞ니라

족편
족을 깨끗이 씻어 무르게 고되 물을 맞춰 부어 물이 졸아들게 곤다. 뼈를 추려 내고 덜 풀어진 것이 있으면 다져서 넣고 간장, 기름, 생강을 다져 쟁반에 푼 후 후춧가루와 잣가루는 위에 뿌려 어리게 한다.

재료 및 분량 | 4인분 기준 |

우족 2개(3kg)
물 8L

양념
국간장 2큰술
다진 마늘 1큰술
생강즙 2작은술
후춧가루 1작은술

고명
잣가루 2큰술
후춧가루 1작은술

만드는 방법

1 우족을 깨끗하게 씻어 토막 낸 후 찬물에 담가 핏물을 뺀다.
2 끓는 물에 우족을 넣고 끓여 한번 끓어오르면 물을 모두 쏟고, 우족을 다시 찬물에 깨끗이 씻는다.
3 다시 솥에 우족을 넣고 물을 부어 뼈에 든 골수가 빠지고 살이 흐물흐물해질 정도로 4~6시간 정도 푹 곤다. 고면서 위에 떠오르는 기름과 거품을 중간중간 걷어낸다.
4 ③의 우족에 붙은 고기는 완전히 풀어지기 전에 건져두었다가 잘게 다져 양념을 한다.
5 ③의 우족 국물에서 뼈를 모두 추려내고, 계속 저으면서 국물이 바짝 졸아지도록 다시 약한 불로 1시간 정도 고다가 ④의 양념한 고기를 넣고 30분 정도 더 끓인다.
6 운두가 있는 편평한 그릇에 두께 2~3cm가 되도록 ⑤를 붓고, 30분 정도 실온에 두었다가 잣가루와 후춧가루를 위에 뿌려 찬 곳에 두어 더 굳힌다.
7 굳으면 1cm 두께가 되도록 먹기 좋은 크기로 썰어 그릇에 담는다.

참고사항

◎ 우족을 골 때 쇠머리나 사태고기를 같이 고면 콜라겐이 더 많이 국물에 녹아 나와 단단히 굳는다.
◎ 족편 맛을 더 좋게 하느라 꿩이나 닭을 같이 넣어 삶는 경우가 많다.

우족채

우족치
죡을 무궁이 고아 싱치나 녀코 지령 잠간 타 ᄲᅧ 졀노 믈어나거든 체예 밧타 호초 약념ᄒᆞ여 정ᄒᆞᆫ 그ᄅᆞᆺ시 펴 식여 ᄀᆞᄂᆞ리 ᄲᅡ흐라 초지령의 먹ᄂᆞ니라

우족채
족을 많이 고아 꿩고기를 넣고 간장 조금 타 뼈가 저절로 빠지면 체에 밭아 후추 양념하여 정한 그릇에 펴 식혀 가늘게 썰어 초간장에 먹는다.

재료 및 분량 | 4인분 기준 |

우족 2kg
꿩 1마리
물

양념
국간장 2큰술
생강즙 2작은술
후춧가루 1작은술

초간장
간장 2큰술
식초 1큰술
잣가루 ¼작은술

만드는 방법

1 우족을 깨끗하게 씻어 토막 낸 후 찬물에 담가 핏물을 뺀다.
2 끓는 물에 우족을 넣고 한번 끓어오르면 불을 끄고 물을 따라 버린 후 찬물에 씻는다.
3 솥에 우족과 물을 붓고 4~6시간 뼈가 추려질 정도로 푹 곤다. 물이 반쯤 줄면 손질된 꿩을 통째로 같이 넣고 고면서 위에 떠오르는 기름과 거품을 걷어낸다.
4 우족에 든 골수가 빠져 살이 흐물흐물해지고 꿩고기도 연해지면, 뼈를 추려 내고 고기는 건진다. 국물은 약한 불에서 저으면서 4~6시간 고면서, 위에 떠오르는 기름과 거품을 걷어낸다.
5 건져둔 고기건지를 잘게 다져 양념을 넣고 섞는다.
6 우족 국물이 바짝 졸면 양념한 고기를 넣고 타지 않게 저으면서 약한 불로 20분 정도 끓인다.
7 ⑥의 우족 곤 것을 편평한 그릇에 3cm 두께로 부어놓고 찬 곳에 두어 굳힌다. 완전히 굳으면 0.6×4~5cm로 채 썰어 담고 초간장을 곁들인다.

참고사항

◎ 손질이 되지 않은 꿩은 끓는 물에 튀하여 털을 뽑고, 배를 갈라 내장을 꺼내고 깨끗이 씻어 사용한다. 요즘은 다 손질이 되어 시판되고 있다.

생치김치법

싱치김치법

외과 싱치를 뼈흐라 각각 잠간 기름 치고 복가 내고 속쓰물 고이 바다 쓸히고 싱치 복근 거술 드리쳐 흔소금 쓸히며 파 흰 듸 쁘져 너허 잠간 흐여 너허 내여 동침이국을 텨 마술 마초면 됴흐니라

생치김치법

외와 꿩고기를 썰어 각각 기름을 조금 쳐서 볶아낸다. 속뜨물을 고이 받아 끓이고 꿩고기 볶은 것을 넣고 한소끔 끓인다. 파 흰대를 찢어 넣어 잠깐 끓여 내어 동치미국을 쳐서 맛을 맞추면 좋다.

재료 및 분량 | 4인분 기준 |

꿩고기(가슴살) 300g
오이 1개
대파 20g
소금 1작은술
참기름 1작은술
속뜨물 3컵
동치미 국물 3컵

만드는 방법

1 꿩고기는 살을 발라 한입 크기로 썬다.
2 오이는 꿩고기와 같은 크기로 썰어 소금에 절인다.
3 대파는 흰 부분을 3cm 길이로 토막 내어 굵게 채 썬다.
4 꿩고기와 절인 오이를 살짝 물기를 제거하여 지긋이 짜서 각각 참기름에 볶는다.
5 속뜨물이 끓으면 ④를 넣어 한소끔 끓인 후 ③의 대파를 넣어 잠깐 끓인다.
6 ⑤에 동치미 국물을 넣어 간을 맞춘다.

참고사항

◎ 꿩 1마리는 660~680g 내외이다. 꿩을 손질하여 살을 바르면 300g 정도가 된다.
◎ 속뜨물은 쌀을 씻을 때 2~3번째 씻어 받은 뜨물이다.

과동외지히법

과동외디히법

늘근 외를 믈의 씻디 말고 힝ᄌᆞ를 ᄲᆞ라 가며 외 몸의 무든 거ᄉᆞᆯ 죄 ᄡᅳ셔 믈 긔운 업시 독의 ᄎᆞᆫᄎᆞᆫ 너코 소금을 믈의 ᄶᆞ게 프러 고븟고븟 ᄭᅳᆯ혀 부으면 외가 톡톡 터디ᄂᆞᆫ 듯ᄒᆞ거든 돌노 지즐너 두어다가 사나흘만 되거든 외를 내고 그 소금믈의 소금을 더 너(코) (다)시 ᄯᅩ ᄭᅳᆯ혀 치와 부으면 여라믄 날만 ᄒᆞ거든 ᄯᅩ ᄭᅳᆯ혀 식여 부어 웍식 너코 (돌)노 디즐너 ᄯᅳ디 아니케 ᄒᆞ여 (ᄒᆞ)ᄃᆡ 면 샹치 아니(ᄒᆞ고) ᄶᆞᆷ 슴겁기ᄂᆞᆫ 쟝 둠기 ᄀᆞᆺ (ᄒᆞ여) 알마(초) 소금이 젹으면 무ᄅᆞ고 외를 ᄯᆞᆫ 디 오란 거ᄉᆞᆯ ᄒᆞ면 사위여 연치 아니ᄒᆞ고 이 법ᄃᆡ로 슴거이 ᄒᆞ여 져믄 외로 담갓다가 동침이의도 넛ᄂᆞ니라

과동외지히법

늙은 외를 물에 씻지 말고, 행주를 빨아가며 외의 몸에 묻은 것을 죄 씻어 물 기운 없이 독에 착착 넣는다. 소금을 물에 짜게 풀어 고붓고붓 끓여 (독에) 부어서 외가 툭툭 터지는 듯하면 돌로 지즐러 둔다. 사나흘이 되면 외를 꺼내고, 소금물에 소금을 더 넣어 다시 끓여 식혀 붓는다. 여나믄날이 지나면 또 끓여 식혀 붓고 억새를 넣고 돌로 지질러 뜨지 않게 하여 바깥에 두면 상치 않는다. 짜고 싱겁기는 장 담는 것과 같으니 알맞추어 한다. 소금이 적으면 무르고, 외를 딴지 오랜 것을 하면 쇠여 연하지 않다. 이법대로 슴슴하게 하여 어린 외로 담갔다가 동침이에도 넣는다.

재료 및 분량 | 4인분 기준 |

늙은 외 5개(4.7kg)

소금물

굵은 소금 3컵(600g)
덧소금 1컵(200g)
물 30컵(6L)

만드는 방법

1. 늙은 외를 물에 씻지 않고 젖은 행주로 닦은 후 물기 없이 말려서 항아리에 차곡차곡 넣는다.
2. 분량의 물에 소금을 넣고 잘 저은 후 끓인다.
3. ①의 항아리에 ②의 소금물을 부은 후 돌로 지질러 둔다.
4. 3~4일 후 항아리에서 소금물을 다시 꺼내어 소금 1컵을 더 넣어 끓인다.
5. ④를 식혀서 다시 항아리에 붓고 억새와 돌을 넣고 지질러 둔다.

참고사항

◎ 소금이 적으면 무르므로 간을 맞출 때는 장을 담글 때처럼 간을 맞춘다.
◎ 외를 수확한지 오래된 것은 쇠어서 연하지 않으므로 유의한다.
◎ 늙은 외 대신 어린 외를 이 방법대로 싱겁게 담갔다가 동치미에 사용하기도 한다.

즉시 쓰는 외김치법

즉금 ᄡᅳᄂᆞᆫ 외딤치법
외ᄅᆞᆯ 두 머리ᄅᆞᆯ 버히고 믈 고붓지게 ᄡᅳᆯ혀 잠간 데쳐 내여 ᄎᆞᆫ물의 더운 긔운 업시 ᄡᅵᆺ고 곧 그어 싱강과 마늘 두ᄃᆞ려 외 속의 너코 소금믈을 ᄡᅳᆯ혀 ᄎᆡ와 ᄉᆞᆷᄉᆞᆷᄒᆞ게 마초아 둠ᄂᆞ니라

즉시 쓰는 외침채법
외는 양쪽 끝을 잘라버린다. 물을 고부지게 끓여 잠깐 데쳐내어 찬물에 더운 기운이 없이 씻는다. 곧 그어 생강, 파, 마늘을 다져서 외 속에 넣는다. 소금물을 끓여 식혀서 삼삼하게 (간을) 맞추어 담는다.

재료 및 분량 | 4인분 기준 |

오이 10개(1.7kg)
마늘 250g
생강 40g

소금물
굵은 소금 200g
물 15컵(3L)

만드는 방법

1 오이는 굵은 소금에 문질러 흐르는 물에 깨끗하게 씻어 양쪽 끝을 자른 후 열십자로 칼집을 낸다.
2 끓는 물에 오이를 넣고 잠깐 데친 후 찬물에 담가 더운 기운을 없게 하여 무거운 것으로 눌러 물기를 뺀다.
3 ②의 오이를 길이로 양쪽에 2~3cm를 남기고 골을 따라 3~4군데로 칼집을 낸다.
4 생강, 마늘은 곱게 다져서 칼집 낸 오이에 채운다.
5 물에 소금을 녹여서 고운체에 밭쳐 불순물을 제거한 후 끓여 식힌다.
6 항아리에 ④의 오이를 넣은 후 소금물을 항아리에 부어 익힌다.

순무김치

쉿무오김치
쉿무우를 ᄆᆡ이 큰 거ᄉᆞᆫ ᄒᆞᆫ 치 기릐식 내여 열십ᄌᆞ로 ᄶᅢ긔고 ᄌᆞ니란 그져 열십ᄌᆞ로 ᄡᆞ려 녀코 ᄉᆡᆼ강 ᄃᆞᆷ여 녀코 ᄀᆞᆫ 잠간 뒷다가 ᄀᆞᆫ이 들거든 항의 녀코 ᄭᆡ소금 뵈 헝거싀 ᄡᅡ 항 밋틔 녀흔 후 그 우ᄒᆡ로 ᄀᆞᆫ 친 무우를 녀허 소금국 마초 ᄒᆞ여 부어 잘 닉이면 ᄆᆡᆫ입의 아모리 먹어도 슬치 아니ᄒᆞ니라

순무김치
순무를 매우 큰 것은 길이씩 (토막)내어 열십자로 쪼개고, 잔 것은 그냥 열십자로 잘러 넣는다. 생강을 저며 넣고, 간을 하여 잠깐 뒀다가 간이 들면 항아리에 넣는다. 깨소금을 베 헝겊에 싸 항아리 밑에 넣은 후 그 위에 간을 친 무를 넣어 소금국을 알맞게 하여 붓는다. 잘 익으면 맨입에 아무리 먹어도 싫지 않다.

재료 및 분량 | 4인분 기준 |

순무 1kg
생강 100g
굵은 소금 30g
깨소금 180g
소금물(소금 60g, 물 2L)

베 헝겊
항아리

만드는 방법

1 순무는 깨끗이 손질하여 3cm 토막으로 잘라 가운데 부분을 열십자로 칼집을 넣고, 굵은 소금을 뿌려 30분 정도 절인다.
2 생강은 깨끗이 씻고 껍질을 벗겨 얇게 저며 썬다.
3 ①의 순무 칼집 낸 부분에 ②의 생강을 끼운다.
4 깨소금은 베 헝겊에 싸서 항아리 바닥에 넣는다.
5 ④의 항아리에 ③을 넣고, 순무가 잠길 만큼 소금물을 부어 익힌다.

참고사항

◎ 잘 익으면 맨입에 먹어도 좋다.
◎ 김치의 소금 농도는 3% 정도로 한다.

산갓김치

산갇김치
산가술 씨서 블회재 항의 너코 물을 데여 손 너허 데지 아닐 만치 ᄒᆞ여 붓고 ᄎᆞᆫ 닝슈를 손의 쥐여 ᄲᅮ려 더온 방의 무덧다가 닉거든 ᄡᅳᄂᆞ니라

산갓김치
산갓을 씻어서 뿌리째 항아리에 넣는다. 물은 손을 넣어 데지 않을 정도로 데워 (항아리에) 붓는다. 찬 냉수를 손에 쥐어 뿌려서 더운 방에 묻었다가 익으면 쓴다.

재료 및 분량 | 4인분 기준 |

산갓 1kg
무 400g
미나리 100g
풋고추 70g
물 6L

양념
감장 1큰술
파 40g
마늘 40g
소금 6큰술
고춧가루 2컵

만드는 방법

1 무는 깨끗하게 씻어 2×2cm 크기로 나박하게 썬다.
2 미나리와 풋고추는 깨끗이 씻은 후 소쿠리에 담아 물기를 제거 후 2cm 길이로 자른다.
3 고운 면보 자루에 고춧가루를 넣고 물 3L에 고춧물을 낸 후 썰어 놓은 무, 미나리, 풋고추, 파, 마늘, 소금을 넣어 섞어 나박김치를 담근다.
4 산갓을 깨끗이 씻은 후 항아리에 넣고 물 3L를 끓여 60~70℃가 되었을 때 여러 차례 나누어 부어 준 후 공기가 통하지 않도록 한지를 2겹으로 싸서 봉한다.
5 ④에 이불을 덮어 1시간 후 꺼낸다.
6 따뜻해진 산갓챗물을 ③의 나박김치와 섞고 감장을 섞은 후 공기가 통하지 않도록 뚜껑을 봉하여 보관 후 익으면 먹는다.
7 산갓김치를 일부 꺼낸 후에도 반드시 공기가 통하지 않게 봉한다.

참고사항

◎ 《주식방문》의 산갓김치 조리법은 산갓의 매운맛 조정법만 있어 1830년 《농정회요》 산갓김치법을 참고하여 재현하였다.
◎ 산갓김치의 맛은 지나치게 익어도 좋지 않고, 또한 너무 덜 뜨거워 산갓이 익지 않는 것도 좋지 않다.
◎ 산갓김치는 보춘저(報春菹)라고도 부른다.
◎ 산갓을 소금에 절인 물을 산갓챗물이라고 한다.

즙장방문

즙쟝방문

칠월 망 후의 며조를 밍그ᄃᆡ 콩 ᄒᆞᆫ 말을 무ᄅᆞ게 ᄲᅮ고 ᄀᆞᄅᆞ긔 업시 어러미로 죄 ᄎᆞᆫ 밀기울 서 말을 믈 섯그ᄃᆡ 누룩 ᄃᆞ디ᄂᆞᆫ 믈 마치 섯거 며조와 버무려 ᄶᅧ ᄂᆞᄅᆞᆫ이 ᄶᅵ허 줌 안희 들게 쥐여 븍나모 닙 격디 노화 ᄯᅴ워 칠 일 후 다 ᄯᅳᄂᆞ니 몰뇌여 ᄯᅩ ᄶᅵ허 ᄀᆞᄂᆞᆫ 어러미로 처 ᄒᆞᆫ 말의 소금 서 홉식 너허 ᄯᅳ물의 며죠를 반듁ᄒᆞᄃᆡ 쥐여 던질 만치 반듁ᄒᆞ여 항 미틔 이득 ᄭᆞᆯ고 가지 외 죄 ᄲᅵ서 ᄭᅩᆨ지 버혀 볏틔 시들게 몰뇌와 동화 박 틈 업시 노코 며조를 둣거이 노화야 빗 븕고 죠흐니라

우희란 둣거이 덥고 가지 닙흘 우희 여러 번 덥고 유지로 단단이 ᄲᅡ미여 솟두에 덥고 흙 ᄇᆞᆯ나 ᄀᆞ장 ᄯᅳᆯ 두험 가온ᄃᆡ 헤혀고 플 븨여 덥고 항을 드려 노코 플노 항 몸의 두루 만히 ᄡᆞ고 두험을 마고 덥허 두엇다가 칠 일 후 내련니와 솟이 젹거든 눅 일 만의 내라

두험이 삭거나 ᄆᆞ라거나 ᄒᆞ거든 낫이면 미양 믈 기러 두험 우희 부으면 수이 ᄯᅳᄂᆞ니라

즙장방문

망후에 메주를 만들 때, 콩 1말을 무르게 쑨다. 가루기 없이 어레미로 모두 친 밀기울 3말을 물 섞되 누룩 디디는 물 맞춰 섞는다. 메주와 버무려 쪄서 나른하게 찧어 주머니 안에 들게 쥔다. 북나무 잎을 격지 놓아 띄운다. 후 다 뜨면 말리어 가루 내어 또 찧어 가는 어레미로 친다. (메주가루) 1말에 소금 3홉씩 넣어 뜨물에 메주를 반죽하되 쥐여 던질 만큼 반죽하여 항아리 밑에 가득히 깐다. 가지와 오이를 모두 씻어 꼭지를 베어 볕에 시들게 말린다. 동아와 박을 틈 없이 넣고 메주를 두껍게 넣어야 빛이 붉고 좋다.

위에는 두껍게 덮고, 가지 잎을 위에 여러 번 덮고, 유지로 단단히 싸맨다. 솥뚜껑을 덮고, 흙을 발라 가장 뜰 두엄 가운데를 헤쳐 풀을 베어 덮고 항아리를 드려놓는다. 풀로 항아리 몸을 두루 많이 싸고 두엄을 많이 덮어 둔다. 후 내려니와 솥이 적거든 만에 낸다. 두엄이 삭거나 마르거나 하면 낮이면 매양 물을 길어 두엄 위에 부으면 쉽게 뜬다.

재료 및 분량

콩 1말(4kg)
밀기울 2kg
물 2½컵
즙장 메주가루 20컵
쌀뜨물 10컵
소금 2컵
가지 6개
오이 6개
동아 1kg
박 1kg
가지잎

만드는 방법

1 콩은 무르게 삶고, 밀기울은 어레미에 쳐서 가루를 낸다.
2 밀기울 가루에 물을 누룩 디디는 정도로 섞어 ①의 삶은 콩과 버무려 찐다.
3 ②를 나른하게 찧어 한 줌 크기로 둥글게 즙장 메주를 빚는다.
4 북나무를 깔고 ③을 켜켜로 놓아 7일간 띄운 후 말려서 가루를 낸다.
5 메주가루에 소금과 쌀뜨물을 섞어 반죽한다.
6 가지, 오이, 동아, 박은 씻어 꼭지를 잘라버리고, 같은 크기로 썰어 햇볕에 시들해지도록 말린다.
7 항아리에 ⑤의 집장 반죽을 두껍게 깔고, ⑥의 채소를 빈틈없이 넣는다. 다시 즙장 반죽과 채소를 켜켜이 채운 후 맨 위는 즙장 반죽을 채우고, 가지 잎으로 두껍게 덮는다.
8 ⑦의 항아리 입구를 유지로 싸매고 뚜껑을 덮은 후 항아리를 진흙으로 발라 두엄 가운데 넣어 띄운다. 6일 후면 익는다.
9 요즈음은 전기밥통에 넣어 보온으로 두면 1~2일 만에 뜬다.

참고사항

◎ 지금은 두엄을 쓰기 어려우므로 전기보온 밥솥을 이용해서 띄우면 편리한데, 하루나 이틀 만에 겉이 붉은색을 띄며 뜬다.
◎ 북나무는 가을에 잎이 붉게 물들어서 붙여진 이름으로, 오배자나무라고도 불린다. 주성분은 타닌으로 수렴작용이 있어 설사를 멈추고 출혈이나 땀을 멈추는 효능이 있다. 종기를 아물게 하고 기침도 멈추게 한다.
◎ 밀기울 1 : 물 ¼로 한다.

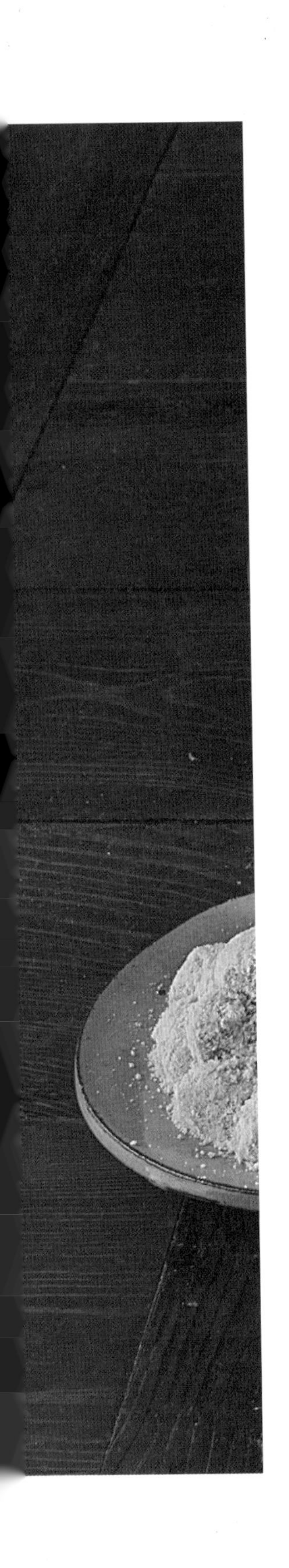

떡류

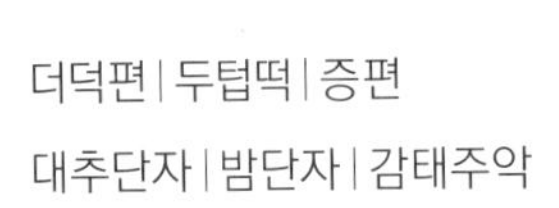

더덕편 | 두텁떡 | 증편

대추단자 | 밤단자 | 감태주악

더덕편

더덕편

더덕을 ᄶᆡ라 ᄌᆞᆯ게 쓰저 뫼 시로덕 반듁의 섯거 고명 박아 ᄶᅵ면 됴흐니라

더덕편

더덕을 찧어 잘게 찢는다. 메시루떡 반죽에 섞어 고명을 박아 찌면 좋다.

재료 및 분량 | 4인분 기준 |

깐 더덕 100g
멥쌀가루 5컵(500g)
물 4~5큰술
설탕 5큰술

소금물

물 2컵
소금 2작은술

고명

대추 2개
잣 1작은술
석이버섯 1장

만드는 방법

1 더덕은 방망이로 자근자근 두들겨 펴서 찢어 소금물에 담가 쓴맛을 없앤다.
2 소금 넣어 빻은 멥쌀가루에 물을 주어 골고루 비벼 중간체에 내린다.
3 ②에 설탕과 ①을 넣어 골고루 섞는다.
4 대추는 씨를 빼고 채 썰고, 잣은 비늘 잣으로 하고, 석이버섯은 불려 다듬어 채 썬다.
5 찜기에 시루밑을 펴서 ③을 안치고 ④의 고명을 얹어 뚜껑을 덮고 찐다. 김이 오른 후 20분간 찌고 불을 줄여 5분간 뜸을 들인다.

참고사항

◎ 고명을 박아 찌면 좋다는 표현으로 미루어 《산가요록》의 산삼병(더덕), 《음식디미방》의 섭산삼법과는 달리 더덕설기로 생각된다. 고명은 흔히 쓰는 대추, 잣, 석이버섯으로 하였다.

두텁떡

■ 두텁썩

두텁썩은 출ᄀᆞ로을 반쥭ᄒᆞ여 자그마큼 뭉쳐 팟치나 밤이나 소을 녀허 대초와 밤을 빠흐라 무쳐 체의나 쪄 ᄂᆡ여 복근 쑬팟츨 무치면 조흐니라

두텁떡

두텁떡은 찹쌀가루를 반죽하여 자그맣게 뭉쳐 팥이나 밤이나 소를 넣어 대추와 밤을 썰어 묻혀 체에다 쪄내어 볶은 꿀팥을 묻히면 좋다.

■ 두텁썩

두텁썩이 이 법이 조흐니라. 조곰안 실ᄂᆡ 안칠 젹 팟 복가 뭉쳐 방울 노코 방울 우희 갈을 덥고 팟츨 쎄여 고명 노코 쪄 ᄂᆡ면 조코 증편 테의 반쥭 알마치 ᄒᆞ여 팟 복가 미틔 쑤리고 반쥭ᄒᆞᆫ 거슬 켜을 노코 팟 뭉쳐 방울 노코 그 우의 반쥭을 숡노나 써 보이도록 고명 노코 팟 브려 실ᄂᆡ 여러흘 포지버 쪄 ᄂᆡ면 더 조흐니라

두텁떡

두텁떡은 이 방법이 좋다. 조그만 시루에 안칠 때 팥을 볶아 뭉쳐 방울을 놓고, 방울 위에 가루를 덮고 팥을 뿌려 고명을 놓고 쪄 내면 좋다. 증편 테에 반죽을 알맞게 하여 팥을 볶아 밑에 뿌린다. 반죽한 것을 켜를 놓고 팥을 뭉쳐 방울을 놓고 그 위에 반죽을 숟가락으로나 떠서 보이도록 고명을 놓고 팥을 뿌린다. (그것을) 시루에 여럿을 포개어 쪄내면 더 좋다.

재료 및 분량 | 4인분 기준 |

찹쌀가루 5컵(500g)
간장 1½큰술
설탕 ½컵(85g)

볶은 팥고물

거피팥(깐 팥) 3컵(480g)
진간장 1½큰술
설탕 ½컵(85g)
계핏가루 ½작은술

소

볶은 거피팥 1컵
계핏가루 ¼작은술
꿀 1½큰술

고명

밤 2개
대추 4개

만드는 방법

1 찹쌀가루에 간장을 넣어 중간체에 내려 설탕을 섞는다.
2 거피팥에 물을 넉넉히 부어 2시간 이상 충분히 불려 씻어 껍질을 벗겨 조리로 일어 찜기에 쪄서 방망이로 찧어 중간체에 내린다.
3 ②에 진간장, 설탕, 계핏가루를 섞어 팬에 누르면서 볶는데 눌어붙지 않도록 볶아 고물로 쓴다.
4 ③의 볶은 팥고물에 계핏가루, 꿀을 넣어 직경 2.5cm 크기로 둥글납작하게 빚는다.
5 찜기에 젖은 면보를 깔고 팥고물을 한 켜 깔고 ①을 골고루 편 위에 소를 놓고 다시 찹쌀가루를 덮는다. 위에 밤채, 대추채를 고명으로 뿌리고 팥고물을 덮어 30분간 찐다.
6 쪄지면 꺼내어 떡 소가 가운데 오도록 둥글게 떠낸다.

참고사항

◎ 본문에 간에 대한 언급은 없으나, 궁에서 간장으로 간을 했으므로 간장을 사용하였다. 거피팥은 팥의 껍질을 제거한 팥을 말하는데, 시중에서 팥을 타서 껍질을 까 판매하는 팥이다.

증편

■ 증편

증편 모릐 ᄒᆞ여 쓰려 ᄒᆞ면 오ᄂᆞᆯ 나지 즈음히 듁을 되게 쁘어 치와 섭누록 섯거 비젓다가 이튼날 아젹의도 듁 쁘어 누록 더 섯거 너흐며 일변 떡 ᄀᆞᄅᆞ 찌코 술이 져역때 되야 왈학되거든 떡을 믈 끌혀 송편 반듁만치 ᄒᆞ야 긔듀ᄅᆞᆯ 바타 소금 안고아 드러 처딜 만치 ᄒᆞ여 딜그ᄅᆞᆺ시 담아 더운 ᄃᆡ 밤지여 새배나 아젹이나 찌ᄃᆡ 우흘 만히 덥허야 됴코 블 짜히기로도 만히 가니 급히 왓삭 쪄야 긔ᄅᆞᆯ 잘 ᄒᆞᄂᆞ니라

증편 증편을 모레하여 쓰려하면 오늘 낮 즈음에 죽을 되게 쑤어 식힌다. 섬누룩을 섞어 빚었다가 이튿날 아침에 죽을 쑤어 누룩을 더 섞어 넣는다. 한편 떡가루를 찧고 술이 저녁 때 되어 왈칵하면 떡은 물을 끓여 송편반죽 만큼 하여 기주를 받아 소금을 넣지 않고 들어보아 처질만치 하면 질그릇에 담는다. 더운데서 밤을 재워 새벽이나 아침이나 찌되 위를 많이 덮어야 좋고, 불 때기를 많이 해서 급히 와싹쪄야 부풀기를 잘 한다.

■ 증편

증편 증편은 두 되 넉넉ᄒᆞᆫ즉 슐 ᄒᆞᆫ 듕발 치고 닝슈와 반듁ᄒᆞ되 된 듁만치 ᄒᆞ여 덥허 더운 ᄃᆡ 노하다가 다 괸 후 찌ᄂᆞ니라

증편 증편은 (쌀이) 2되면 넉넉하니, 술 한 중발을 치고 냉수와 반죽하되 된 죽만큼 (되게) 한다. (반죽을) 덮어 더운데 놓았다가 다 괸 후에 찐다.

■ 증편

증편 ᄒᆞᄂᆞᆫ 법 ᄡᆞᆯ이 아홉 되면 슐 ᄒᆞᆫ 탕긔을 가로 반쥭 ᄒᆞᆯ 만치 믈을 타 ᄒᆞ여 져역 ᄣᅢ ᄒᆞ면 ᄂᆡ일 식젼 ᄂᆡ여 찌고 식젼 ᄒᆞ면 져역 ᄣᅢ 찌ᄂᆞ니라

증편 하는 법 쌀이 9되면 술 1탕기를 가루 반죽할 만큼 물을 탄다. 저녁 때 하면 이튿날 식전에 내서 찌고, 식전에 하면 저녁 때 찐다.

재료 및 분량 | 4인분 기준 |

멥쌀가루 5컵(500g)
물 ¾컵
생막걸리 ¾컵(150g)
설탕 ½컵(85g)

고명

대추 2개
밤 1개
석이버섯 1장
잣 1작은술
참기름

만드는 방법

1. 소금 넣어 빻은 멥쌀가루를 고운체에 친다.
2. 물을 50℃ 정도로 데워 설탕과 생막걸리를 섞어 멥쌀가루에 부어 멍울 없이 고루 섞고 뚜껑을 덮는다. 반죽을 30℃~35℃의 따뜻한 곳에서 4시간 정도 1차 발효시킨다.
3. 1차 발효된 반죽을 잘 저어 가스를 빼고 다시 뚜껑을 덮어 2시간 정도 2차 발효시킨다.
4. 2차 발효된 반죽을 잘 저어 가스를 빼고 1시간 정도 3차 발효시킨다. 여름철에는 실온에서 발효시킨다.
5. 증편틀에 발효된 반죽을 3cm 정도 편다.
6. 대추는 씨를 빼서 곱게 채 썰고, 밤은 얇게 저민다. 석이버섯은 다듬어 곱게 채 썰고, 잣은 비늘 잣으로 쪼개어 ⑤에 고명을 얹는다.
7. 뜨거운 김이 오른 찜통에 올려 약한 불에서 5분, 센 불에서 20분, 약한 불에서 5분간 뜸을 들이고 꺼내 식혀 참기름을 바른다.

참고사항

◎ 찌기까지의 설명은 있으나, 고명이 언급되어 있지 않아 임의로 올렸다. 술은 시판하는 생막걸리를 사용하였다.
◎ 석이버섯 손질법 : 석이버섯은 끓는 물을 부어 불려서 이끼와 돌을 깨끗하게 제거한 후 씻어서 물기를 제거하고 사용한다.

대추단자

대초단ᄌ
밤 대초 잘게 ᄢᅥᄒᆞ러 다져 출가로 알마치 □□□여 ᄧᅧ셔 셕니단ᄌᆞ쳐로 버여 잣가로 무쳐 ᄡᅳ라

대추단자
밤과 대추를 잘게 썰어 다쳐 찹쌀가루를 알맞게 □□□(반죽하)여 쪄서 석이단자처럼 베어 잣가루를 묻혀 쓴다.

재료 및 분량 | 4인분 기준 |

대추 10개
밤 2개
찹쌀가루 3컵(300g)
꿀 2큰술
잣가루 1컵

만드는 방법

1 대추는 씨를 빼고 다지고, 밤은 속껍질까지 모두 벗겨 다진다.
2 소금 넣어 빻은 찹쌀가루에 ①을 넣고 섞어 젖은 면보를 깔고 찐다.
3 찹쌀가루가 다 익으면 꽈리가 일도록 방망이로 쳐서 꿀을 발라 2.5×3×1.5cm 크기로 잘라 잣가루를 묻힌다.

참고사항

◎ 원문에는 대추단자의 내용이 일부 유실되어 있다. 국립중앙도서관 소장의 《주식방문》의 대추단자에는 "대추와 밤을 잘게 썰어 다져 놓고, 찹쌀가루를 알맞게 넣어 반죽하여 찐다. 잣가루를 묻혀 쓴다."로 기록되어 있다.

밤단자

밤단ᄌᆞ
밤 뭉쳐 출ᄀᆞ로 익여 □□□□ □□ 복가 무치라 메떡 갈에 쑬을 쳐 조흔 콩 □□□□ 바가 ᄒᆞ면 조타

밤단자
밤을 뭉쳐 찹쌀가루를 익혀 □□□□ □□ 볶아 묻힌다. 메떡 가루에 꿀을 쳐 좋은 콩 □□□□ 박아서 하면 좋다.

재료 및 분량 | 4인분 기준 |

찹쌀가루 3컵(300g)
밤고물 1컵(75g)

소
밤고물 ½컵(35g)
계핏가루 ½작은술
꿀 1큰술

고물
꿀 2큰술
볶은 거피팥고물 2컵

만드는 방법

1 소금 넣어 빻은 찹쌀가루에 밤고물 1컵을 넣어 섞어 젖은 면보를 깔고 찐다.
2 밤은 껍질째 10분 정도 삶아 껍질을 벗기고 어레미에 내린다.
3 밤고물 $\frac{1}{2}$컵에 계핏가루와 꿀을 넣어 반죽하여 지름 2cm의 막대 모양으로 빚는다.
4 ①을 꽈리가 일도록 방망이로 쳐서 두께 2cm로 펴고, ②의 소를 넣고 말아 꿀을 바르면서 늘려 새알만큼 끊어서 팥고물을 묻힌다.

감태주악

감태주악
감ᄐᆡ를 축축게 ᄒᆞ여 ᄆᆞ이 ᄲᆞᆯ고 ᄀᆞᄅᆞ 죠곰 너허 ᄶᅵ허 구무떡 섯거 므라ᄒᆞᄃᆡ 감ᄐᆡ를 믈을 데ᄶᆞ면 부프러 됴치 아니ᄒᆞ니라

감태주악
감태를 축축하게 하여 많이 빨고, (찹쌀)가루 조금 넣어 찧어 구멍떡을 섞어 익힌다. 그런데 감태의 물을 덜 짜면 부풀어 좋지 않다.

재료 및 분량 | 4인분 기준 |

찹쌀가루 2컵(200g)
감태가루 2큰술
끓는 물 4큰술
지짐용 기름 3컵

소
대추 15개(다진 대추 5큰술)
계핏가루 ½작은술
꿀 1~2작은술

즙청
꿀 ½컵
계핏가루 ⅓작은술

만드는 방법

1 소금 넣어 빻은 찹쌀가루에 감태가루를 섞어 익반죽한다.
2 대추씨를 발라내고 곱게 다져 계핏가루, 꿀을 넣어 섞어서 콩알만큼씩 빚는다.
3 ①의 반죽을 새알만큼씩 떼어 동글동글하게 빚어 송편 빚듯이 파서 ②의 소를 넣고 오므려 빚는다.
4 번철에 주악이 잠길 정도의 지짐용 기름을 붓고 140℃ 기름에 지져 망에 건져낸다.
5 꿀에 계핏가루를 넣어 즙청을 만들고, 주악이 뜨거울 때 담갔다가 꺼내어 망에 펼쳐 여분의 꿀을 제거한다.

참고사항

◎ 원문에는 젖은 감태로 하는 것으로 되어 있으나 근래에는 마른 감태가 흔히 유통되고 있어 사용하였다.
◎ 소를 넣어 빚는 과정에 대한 설명은 없으나 재료와 만드는 방법에 넣었다.

과정류

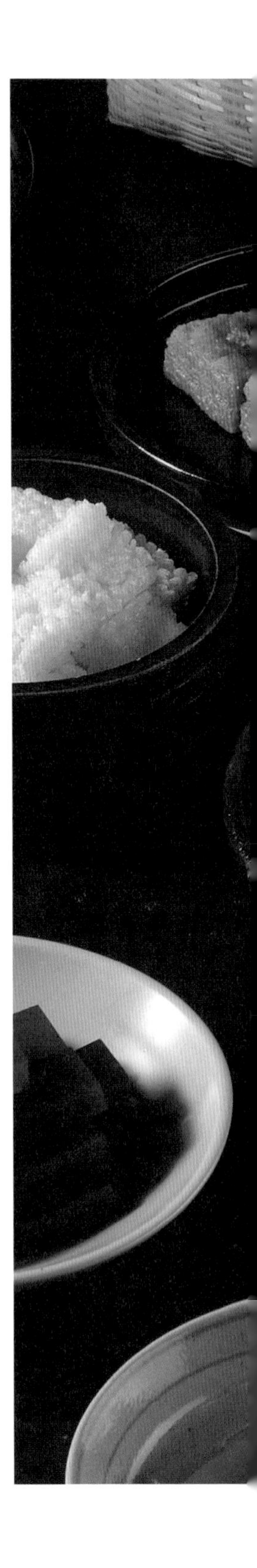

강정 | 산자 | 요화대 | 요화 | 감사과 | 빈사과 | 연사과 | | 약과
연약과 | 중박계 | 만두과 | 타래과 | 채소과 | 살구편 | 앵두편
오미자편 | 살구쪽정과 | 산사정과 | 동아정과

강정

강정
강정은 눅으시 ᄒᆞᄂᆞ니라
ᄎᆞᆯᄡᆞᆯ을 됴흔 ᄎᆞᆯ벼ᄅᆞᆯ 볃ᄒᆡ ᄆᆞᆯ뇌온 거ᄉᆞᆯ ᄡᅳᄂᆞ니라
방의 ᄆᆞᆯ뇌온 거ᄉᆞᆫ 못 ᄡᅳᄂᆞ니라

강정
강정은 (반죽을) 눅게 한다.
찹쌀은 좋은 찰벼를 햇볕에 말린 것을 쓴다.
방에서 말린 것은 못 쓴다.

재료 및 분량 | 4인분 기준 |

찹쌀 2½컵(400g)
소금 6g
소주 3~4큰술
전분 1컵
튀김용 기름 10컵

즙청
조청 5컵
다진 생강 2큰술

고물
세건반 3컵
실깨 3컵
검은깨 3컵

한지

만드는 방법

1 찹쌀에 물을 부어 1~2주일간 골마지가 끼도록 가만히 두었다가 골마지가 낀 쌀을 깨끗이 씻어 소금을 넣고 빻는다.
2 ①에 소주를 넣고 버무려 찜기에 30분 정도 찐 후 방망이로 꽈리가 일도록 치댄다.
3 친 떡을 밀대로 0.3cm 두께로 밀어 살짝 굳혀 0.5×2cm로 갸름하게 썬다.
4 더운 방에 한지를 깔고 ③을 자주 뒤집어 주면서 말린다.
5 흰깨는 불려 껍질을 벗겨 일어 볶고, 검은깨는 씻어 일어 볶는다. 쪄서 말린 쌀을 절구에 찧어 반 정도 부수어 볶거나 튀긴다.
6 조청에 다진 생강을 넣어 끓여 즙청 시럽을 만든다.
7 말린 바탕은 차가운 기름에 담가 전분가루가 떨어지면 꺼내어 90~100℃ 기름에서 서서히 부풀려 180℃ 기름에 옮겨 튀겨 건진다.
8 ⑦을 ⑥에 즙청하여 각각의 고물을 묻힌다.

참고사항

◎ 고물에 따라 세건반강정, 실깨강정, 검은깨강정(흑임자강정)이라 부른다.

산자

산ᄌᆞ

강졍 ᄒᆞᄃᆞᆺ ᄒᆞ여 ᄆᆞᆯ뇌여 ᄒᆞ고 강반은 졈미 삼일 담가다가 건져 ᄧᅧ서 ᄂᆡ여 보ᄌᆞ 덥허 식은 후 덩이 업시 ᄯᅳ더 볏틔 더러 말뇌여 베거미의 담아 지지ᄂᆞ니라

지져 ᄂᆡᆫ 후 ᄀᆞᆯ날 무쳐 체의 흔들면 됴코 ᄯᅵ기도 이글 만치 밧ᄲᅡᆨ 올니ᄂᆞ니라

산자

강정을 하듯 하여 말려서 하고 강반은 찹쌀을 사흘 동안 담갔다가 건져 쪄 내어 보자기를 덮는다. 식은 후에 덩이가 없도록 뜯어 볕에 널어 말려 베거미에 담아 지진다.

(산자를)지져 낸 후 (강반)가루를 묻혀 체에 흔들면 좋다. 불 때기는 익을 만큼 (불을) 바싹 올린다.

재료 및 분량 | 4인분 기준 |

찹쌀 2½컵(400g)
소금 6g
소주 3~4큰술
전분 1컵

강반

찹쌀 1컵(160g)

집청

조청 3컵

만드는 방법

1. 찹쌀에 물을 넉넉히 부어 1~2주간을 골마지가 끼도록 가만히 두었다가 골마지가 낀 쌀을 깨끗이 씻어 소금을 넣고 빻는다.
2. ①에 소주를 넣고 버무려 찜기에 30분 정도 찐다.
3. ②의 찐 떡을 꽈리가 일도록 방망이로 치대어 전분을 묻히면서 0.3cm 두께로 밀어 살짝 굳혀 5×5cm 크기로 네모나게 썬다.
4. 더운 방에 한지를 깔고 자주 뒤집어 주면서 손톱으로 눌러 자국이 남을 정도까지 말린다.
5. 불린 찹쌀을 쪄서 말린 강반을 절구에 찧어 잘게 부수어 볶거나 튀겨서 세건반 고물을 만든다.
6. ④를 차가운 기름에 담가 전분을 털어내고 90~100℃ 기름에서 서서히 부풀어지면 180℃ 기름에 튀겨 건진다.
7. ⑥을 조청을 중탕하면서 엷게 바르고 세건반을 묻힌다.

참고사항

◎ 강반은 튀밥을 크게 부스러뜨린 것이고, 세건반은 튀밥을 잘고 곱게 잘 부스러뜨린 것이다.

요화대

요화대
반듁은 놀믈노 된슈져비 반듁만치 ᄒᆞ여 티면 몰흔몰흔ᄒᆞ거든 기ᄎᆞ로 기름 스쳐 힝ᄌᆞ 덥허 사가 느러나거든 감아 지지되 데삭으면 써러지고 디내 삭아도 여리니라

요화대
반죽은 날물로 된수제비 반죽만큼 하여 (반죽을) 치면 되지거든 몇 차례 기름을 뿌려 행주로 덮는다. (반죽의) 삭아 늘어나거든 감아서 지지되 덜 삭으면 떨어지고(부러지고), 지나치게 삭아도 여리다.

재료 및 분량 | 4인분 기준 |

메밀가루 2½컵(250g)
소금 1작은술
설탕 2큰술
끓는 물 1컵
참기름 ½큰술
튀김용 기름
조청 1컵
세건반 1컵

만드는 방법

1 메밀가루에 소금, 설탕, 끓는 물을 넣고 반죽한다.
2 반죽에 참기름을 발라 행주를 덮어 삭히는데, 5시간 정도 삭히고 1시간마다 참기름을 발라준다.
3 반죽을 얇게 밀어서 2mm 두께로 썰고 긴 가닥을 실타래처럼 말아 160℃의 기름에서 튀긴다.
4 또는 반죽을 0.2×2×7cm로 네모지고 갸름하게 썰어 기름에 지져서 조청을 바르고 세건반을 묻히기도 한다.

참고사항

◎ 다른 고조리서의 요화대는 속나깨(메밀의 고운 나깨, 나깨는 메밀을 갈아 가루를 체에 쳐내고 남은 속껍질)에 조청이나 설탕을 넣어 익반죽하여 0.2×2×7cm 정도로 네모지고 갸름하게 썰어 기름에 지져서 조청을 바르고 세건반을 묻힌 과자로 설명하고 있다. 따라서 본책에서는 두 가지 방법으로 만들었다.

요화

뇨화

뇨화 ᄀᆞᄅᆞ ᄒᆞᆫ 말 강반 일곱 되 엿 ᄒᆞᆫ 냥의치 ᄭᅮᆯ 두 되 기ᄅᆞᆷ 닐곱 되

요화

요화 가루 1말, 강반 7되, 엿 1냥어치, 꿀 2되, 기름 7되

재료 및 분량 | 4인분 기준 |

찹쌀 2½컵(400g)
소금 6g
소주 3~4큰술
전분 1컵
튀김용 기름 10컵

즙청

조청 3컵
다진 생강 1큰술
세건반 4컵

만드는 방법

1 찹쌀에 물을 넉넉히 부어 1~2주일간 골마지가 끼도록 가만히 두었다가 골마지가 낀 쌀을 깨끗이 씻어 소금을 넣고 빻는다.
2 ①에 소주를 넣고 버무려 찜기에 30분 정도 찐다.
3 ②의 찐 떡을 꽈리가 일도록 치대어 전분을 묻히면서 방망이로 0.3cm 두께로 밀어 살짝 굳혀 5×0.5cm로 썬다.
4 더운 방에 한지를 깔고 ③을 자주 뒤집어 주면서 손톱으로 눌러 자국이 남을 정도까지 말린다.
5 조청에 생강을 넣고 섞어 끓인다.
6 ③을 차가운 기름에 담가 전분을 털어 내고 90~100℃ 기름에서 서서히 부풀어지면 180℃ 기름에 옮겨 튀겨 건진다.
7 튀겨진 요화 바탕에 $\frac{1}{4}$만 남기고 끓인 조청을 바르고 세건반을 묻힌다.

참고사항

◎ 요화는 유과류에 속하며 다른 고조리서에 산자 바탕을 비녀같이 밀어 기름에 띄워 지져서 손으로 잡을 수 있게 조금 남겨두고 꿀에 적셔서 산자밥풀을 묻힌 과자라고 하였다.

감사과

감사과
ᄡᆞᆯ을 옥ᄀᆞᆺ치 ᄡᆞᆯ허 사흘을 ᄃᆞᆷ가 ᄶᅵ허 반듁을 히셔 흰 셜기 반듁됴곤 ᄆᆞ이 축축이 ᄒᆞ여 빗치 노랏토록 쪄 ᄆᆡ이 ᄀᆡ여 ᄀᆞᆺ 너러 젹은 ᄌᆞ로 뒤집어 속의 잠간 추거 잇게 ᄆᆞᆯ뇌여 ᄆᆞ른 후의 ᄇᆞ아지지 아닐 만치 거더야 됴치 너모 추거 이셔도 지은 후 속이 궁글고 딜긔여 됴치 아니니 ᄇᆞ듸 ᄆᆞᆯ뇌오기ᄅᆞᆯ 알마초 ᄒᆞ여야 됴코 술의 추겨 지지고 ᄭᅮᆯ은 ᄀᆡᆯ 제 너흐ᄃᆡ 마시 들큰ᄒᆞᆯ 마치 너허야 됴흐니라

감사과
쌀을 옥같이 (깨끗하게) 쓿어 사흘을 담가 둔다. (불린 쌀을) 찧어서 흰 설기 반죽보다 많이 축축하게 반죽을 한다. 빛깔이 노랗게 되도록 쪄 많이 갠다. 갓 널 때에는 자주 뒤집어 속이 조금 축이어 있도록 말려서, 마른 후에 부서지지 않을 만큼 걷어야 좋다. 너무 물기가 많아도 (감사과를) 만든 후 속이 비고 질겨서 좋지 않으니, 부디 말리기를 알맞게 하여야 좋다. 술에 축여 지지고 꿀은 갤 때 넣되 맛이 달큰할 만큼 넣어야 좋다.

재료 및 분량 | 4인분 기준 |

찹쌀 2½컵(400g)
소금 6g
물 4큰술
꿀 4큰술
전분 1컵
지짐용 기름 10컵

만드는 방법

1 찹쌀을 물에 3일 동안 담가 깨끗이 씻어 소금을 넣고 빻아 찹쌀가루로 한다.
2 찹쌀가루에 물 4큰술을 넣어 버무린 다음 찜기에 흠씬 쪄서 꽈리가 일도록 많이 친다. 칠 때 꿀을 넣는다.
3 전분을 묻히면서 방망이로 2mm 두께로 밀어 살짝 굳으면 물방울 모양으로 썬다.
4 ③을 붙지 않게 늘어놓고 뒤집어 주면서 알맞게 말린다.
5 말린 바탕은 차가운 기름에 담가 전분가루가 떨어지면 꺼내어 110℃의 기름에서 서서히 부풀리고 150~160℃ 기름에 옮겨 계속 저어가면서 튀긴다.

참고사항

◎ 원문에는 쌀이라고만 기록되어 있으나 감사과는 찹쌀이 주재료이므로 찹쌀로 만들었다.

빈사과

빈사과
빙사과는 반듁을 되게 ᄒᆞ고

빈사과
빈사과는 반죽을 되게 한다.

재료 및 분량 | 4인분 기준 |

찹쌀 2½컵(400g)
소금 6g
소주 3~4큰술
꿀 4큰술
전분 1컵
조청(물엿) ⅓컵
설탕 2큰술
생강즙(생강 30g, 물 ¼컵) 2큰술
튀김용 기름 5컵

만드는 방법

1 찹쌀에 물을 부어 1~2주일간 골마지가 끼도록 가만히 둔다.
2 골마지가 낀 쌀을 깨끗이 씻어 소금을 넣고 빻는다.
3 ②에 소주와 꿀을 섞은 것을 버무려 찜기에 30분 정도 찐다.
4 찐 떡을 방망이로 꽈리가 일도록 치대어 전분을 묻히면서 밀대로 밀어 살짝 굳혀 0.2×0.2×0.2cm 크기로 잘라 말린다.
5 ④를 차가운 기름에 담가 전분을 털어내고 망에 받쳐 150℃ 기름에 넣어 국자로 문질러 가며 튀긴다.
6 냄비에 조청(물엿), 설탕, 생강즙을 함께 담아 끓어오르면 불을 줄이고 5분 정도 더 끓인다.
7 냄비에 ⑥을 $\frac{1}{2}$컵을 넣고 팔팔 끓으면 불을 약하게 하고 튀긴 빈사과 바탕 6컵을 넣고 버무린다.
8 두께 1.5cm의 틀에 식용유를 바른 비닐을 깔고 버무린 빈사과를 쏟아 윗면을 편편하게 밀대로 밀어 3.5×3.5cm로 썬다.

참고사항

◎ 찹쌀바탕은 표면이 마를 정도가 되어야 썰기가 좋다. 이를 고조리서에는 손톱이 들어갈 정도라고 표현하였다.
◎ '빈사과'의 의미로 '빙사과'를 쓰는 경우가 있으나 '빈사과'만 표준어로 삼는다.

연사과

■ 연사과

연ᄉᆞ과

연ᄉᆞ과도 강졍 ᄒᆞ듯 ᄒᆞ여 조금식 반듯반듯ᄒᆞ게 버혀 지져 아모것도 아니 무치고 지져 잣ᄀᆞ로 무쳐 찬합의 언ᄂᆞ니라

연사과

연사과도 강정을 만들듯 하여 조금씩 반듯반듯하게 잘라 지진다. 아무것도 묻히지 않고 지져서 잣가루를 묻혀 찬합에 넣는다.

■ 연사과

연ᄉᆞ과

연ᄉᆞ과ᄂᆞᆫ 강졍쳐로 ᄒᆞ여 시옹의라도 ᄒᆞ여 율란 조란 그런 실과의 ᄒᆞᆫᄃᆡ 담다.

연사과

연사과는 강정처럼 하여 새옹에라도 하여 율란, 조란과 같은 그런 실과에 한데 담는다.

재료 및 분량 | 4인분 기준 |

찹쌀 2½컵(400g)
소금 6g
소주 3~4큰술
전분 1컵
튀김용 기름 10컵

즙청

조청 3컵
잣가루 5컵

한지

만드는 방법

1 찹쌀에 물을 넉넉히 부어 1~2주일간 골마지가 끼도록 가만히 두었다가 골마지가 낀 쌀을 깨끗이 씻어 소금을 넣고 빻는다.
2 ①에 소주를 넣고 버무려 찜기에 30분 정도 찐다.
3 ②의 찐 떡은 꽈리가 일도록 방망이로 치대어 전분을 묻히면서 0.3cm 두께로 밀어 2.5×2.5cm로 네모나게 썬다.
4 더운 방에 한지를 깔고 자주 뒤집어 주면서 손톱으로 눌러 자국이 남을 정도까지 말린다.
5 ④를 차가운 기름에 담가 전분을 털어내고 90~100℃ 기름에서 서서히 부풀면 180℃ 기름에 옮겨 튀겨 건진다.
6 ⑤에 조청을 중탕하면서 엷게 바르고 잣가루를 묻힌다.

약과

약과법

진ᄀᆞᄅᆞ ᄒᆞᆫ 말을 민돌녀 ᄒᆞ면 ᄭᅮᆯ 두 되 잠간 녹여 훌훌ᄒᆞ거든 내여 식여 더운 김 업ᄉᆞᆫ 후 기름 닷 곱 술 ᄒᆞᆫ 죵ᄌᆞ ᄒᆞᆫᄃᆡ 타 ᄭᅮᆯ이 다 ᄇᆡ거든 ᄒᆞᆫᄃᆡ 모화 ᄆᆡ이 눌너 쳐 혼합이 되거든 미러 졍히 ᄲᅡ흐라 지져 즙쳥 칠 홉만 ᄒᆞ면 됴흐ᄃᆡ 젼ᄭᅮᆯ 말고 ᄭᅮᆯ ᄒᆞᆫ 되에 ᄭᅳᆯᄒᆞᆫ 믈 ᄒᆞᆫ 죵만식 타 ᄒᆞᆫ소금 ᄭᅳᆯ혀 과줄을 더운 김의 ᄃᆞᆷ가 내라 쁠 샹은 기ᄅᆞᆷ을 두은이 ᄒᆞ고 쳥쥬를 두은 타 만드러야 됴흐니라 닷 되 지지면 기름 닷 곱 들고 ᄒᆞᆫ 말 지지는 ᄃᆡ 되가웃 드ᄂᆞ니라

약과법

밀가루 1말로 만들려 하면 꿀 2되 잠깐 녹여 훌훌하거든 내어 식혀 더운 김 없앤다. 기름 5홉, 술 1종지 한데 타 꿀이 다 배거든 한데 모아 매우 눌러 쳐 혼합한다. 밀어 반듯하게 썰어 지진다. 즙청 7홉만 하면 좋되 전꿀 말고 꿀 1되에 끓인 물 1종지를 타 한소끔 끓여 과즐을 더운 김에 담가내라. 보통 기름을 두은이 하고 청주를 두은 타 만들어야 좋으니라. 5되 지지면 기름 5홉 들고 1말 지질 때 되 가웃 드나니라

재료 및 분량 | 4인분 기준 |

밀가루 2컵(200g)
소금 ½작은술
참기름 4큰술(32g)
꿀 6큰술(120g)
청주 2큰술
튀김용 기름 3컵

즙청

꿀 1컵
물 2큰술

만드는 방법

1 밀가루에 소금을 곱게 갈아 넣고 참기름을 넣어 고루 섞어 중간체에 친다.
2 꿀과 청주를 섞어 ①에 넣고 반죽하여 1cm 두께로 밀어 6×6cm로 잘라 대꼬챙이로 몇 군데 찔러 튀길 때 기름이 잘 스며들도록 한다.
3 꿀 1컵에 물 2큰술을 넣어 한소끔 끓인다.
4 100℃의 기름에 ②를 넣고 온도를 높이면서 속까지 잘 익고 갈색이 나도록 한다.
5 ④를 뜨거울 때 즙청한다.

참고사항

◎ 두은이는 '흥건히'의 의미이다.

연약과

■ 연약과

연약과
일 두 반듁의 □□□□□□□□□□□□ 쳥 이 승 모춤 □□ 즙쳥 이 승 □□□□□□□□□□□□ 진유 칠 홉 □□ 지지는 ᄃᆡ 진유 이 승 □□□□□□□□

연약과
1말 반죽에 꿀 2되 모참, 즙청 2되, 참기름 7홉, 지지는 데 참기름 2되

■ 연약과 수원법

연약과 슈원법
진ᄀᆞᄅᆞ ᄀᆞ늘게 뇌여 ᄒᆞᆫ 말 반듁의 꿀 ᄒᆞᆫ 되 두 홉 진유 팔 홉을 너허 합ᄒᆞ면 반듁이 심히 되이 겨오 아올나 밀기도 ᄃᆞᆫᄃᆞᆫ이 말고 서벅서벅게 ᄒᆞ여 ᄒᆞ여 지지ᄃᆡ 블을 너모 ᄡᆞ게도 말고 너모 ᄯᅳ게도 말고 마초아 지져 내여 즙쳥을 먹힌 후 몸이 식거든 반의 펴 노코 손의 즙쳥을 무쳐 과줄의 ᄇᆞ라고 호초ᄀᆞᄅᆞ 계피와 잣골늘 씨우ᄂᆞ니라 잘 되며 못 되기 반듁과 지지기의 잇ᄂᆞ니라 ᄒᆞᆫ 말 소입이 꿀 넉 되 기름 넉 되 드ᄂᆞ니라

연약과 수원법
밀가루를 가늘게 내어 (밀가루) 1말 반죽에 꿀 1되 2홉, 참기름 8홉을 넣어 합한다. 반죽이 많이 되어서 겨우 아울러 밀기도 단단히 하지 말고 서벅서벅하게 한다. 지지는데 불을 너무 싸게도 말고 너무 뜨게도 말고 맞추어 한다. 지져내어 즙청을 먹인다. (약과) 몸이 식거든 반에 펴 놓고 손에 즙청을 무쳐 과즐에 바르고 후춧가루와 계피와 잣가루를 뿌린다. 잘 되고 못되기는 반죽과 지지기에 있다. 1말 소입이 꿀 4되, 기름 4되가 든다.

재료 및 분량 | 4인분 기준 |

밀가루 2컵(200g)
소금 ½작은술
참기름 3큰술(24g)
꿀 110g
튀김용 기름 3컵
잣가루 1큰술

즙청
꿀 1컵
후춧가루 ½작은술
계핏가루 ½작은술

만드는 방법

1 밀가루에 소금을 곱게 갈아 넣고 참기름을 넣어 골고루 섞어 중간체에 친다.
2 ①에 꿀을 넣어 반죽해서 0.8cm 두께로 밀어 3.5×3.5cm로 잘라 꼬지로 몇 군데 찔러 튀길 때에 기름이 스미도록 한다.
3 ②를 150℃ 기름에 넣어 표면이 흐린 갈색이 나면 불을 줄여 속까지 익도록 튀겨 건진다.
4 꿀에 후춧가루, 계핏가루를 넣고 ③을 넣어 즙청한다.
5 잣가루를 뿌린다.

참고사항

◎ 연약과는 밀가루를 볶아서 하는 것이 일반적이나, 본책의 연약과는 본문의 내용에 따라 볶는 과정을 생략하였다.
◎ 중간체는 도드미이다.

중박계

■ 중박계

듕박기

듕박기 일 두 쳥 이 승 진유 두 되면 지지ᄃᆡ ᄒᆞᆫ 죵ᄌᆞ 조ᄂᆞ니라

중박계

중박계 1말, 꿀 2되, 참기름 2되면 지지되 1종지로 졸아 들게 한다.

■ 중박기방문

듕박기방문

ᄀᆞᄅᆞ 닷 되롤 ᄆᆞᆫ돌녀 ᄒᆞ면 ᄭᅮᆯ ᄒᆞᆫ되 텨 ᄃᆞᆺ거이 ᄲᅡ흐러 반 촌 너븨예 길킈 ᄒᆞᆫ 치 푼식이나 ᄲᅡ흐라야 마ᄌᆞ니 기ᄅᆞᆷ이 ᄆᆡ ᄭᅳᆯ커든 녀허 닉을 만치 지져 건져 잡으라

기ᄅᆞᆷ ᄒᆞᆫ되 부어 지지면 닷 곱은 줄고 남ᄂᆞ니라

반듁ᄒᆞᆯ 제 기ᄅᆞᆷ ᄒᆞᆫ 죵ᄌᆞ나 텨 ᄒᆞ여야 몸이 반반ᄒᆞ니라

중박기방문

(밀)가루 5되로 만들려 하면, 꿀 1되 쳐 두껍게 (밀어) 썰되 반촌 너비에 길이 1치 푼씩 정도로 썰어야만 맞다. 기름이 매우 끓거든 넣어 익을 만큼 지져 건져 잡는다. 기름 1되 부어 지지면 5홉은 줄고 남는다. 반죽할 때 기름 1종지 정도 넣으면 몸이 반반하다.

재료 및 분량 | 4인분 기준 |

밀가루 2컵(200g)
소금 ½작은술
참기름 2큰술(16g)
꿀 6큰술(120g)
지짐용 기름 3컵

만드는 방법

1 밀가루에 소금을 곱게 갈아 넣고, 참기름을 넣어 골고루 섞어 체에 친다.
2 ①에 꿀을 넣어 반죽하여 0.2cm 두께로 밀어 1.5cm×3.3cm 정도의 크기로 썬다.
3 뜨거운 팥에 기름을 넣고 달구어지면 ②를 넣어 뒤집으면서 지진다.

만두과

만두과
만두과ᄂᆞᆫ 약과 반듁ᄒᆞᆺ 기롬 몬져 쳐 일양 ᄒᆞ나 쇼ᄂᆞᆫ 대초ᄂᆞᆫ 두ᄃᆞ려 찌고 밤은 살마 걸너 계피 호초 여허 형을 ᄃᆞᆫᄃᆞᆫ이 비져 지지ᄂᆞ니라

만두과
만두과는 약과를 반죽하듯 기름을 먼저 쳐서 모양을 만든다. 소는 대추를 두드려 찌고 밤은 삶아 걸러 계피와 후추를 넣어 혀를 단단히 빚어 지진다.

재료 및 분량 | 4인분 기준 |

밀가루 2컵(200g)
소금 ½작은술
참기름 3큰술(24g)
꿀 6큰술
청주 2큰술
즙청용 꿀 1컵
지짐용 기름

소
대추 5개
삶은 밤 2개
계핏가루 ½작은술
후춧가루 ⅓작은술

만드는 방법

1 밀가루에 소금을 곱게 갈아 넣고 참기름을 넣어 고루 섞어 중간체에 친다.
2 꿀과 청주를 섞어 ①에 넣고 반죽한다.
3 대추를 돌려깎기하여 대추살 다진 것과 삶은 밤은 으깨고, 각각 계핏가루, 후춧가루를 섞어 콩알만 하게 떼어 둥글게 빚어 소로 한다.
4 ②의 반죽을 10g 정도 되는 밤톨만큼씩 떼어 송편을 빚듯이 가운데 구멍을 내어서 소를 넣어 붙인 후 가장자리를 손으로 꼬집어 말아 꼰 모양을 낸다.
5 ④를 140℃ 온도에 넣어 갈색이 날 때까지 서서히 튀겨 건진다.
6 더울 때 바로 꿀에 담가서 즙청하고 단맛이 배면 망에 밭친다.

참고사항

◎ 본책에서 약과 반죽에 꿀과 청주가 첨가되었으므로 만두과에도 꿀과 청주를 사용하였다.
◎ 원문에 만두과를 단단히 빚으라는 표현이 있어 새끼처럼 꼬아서 빚었다.

타래과

타래과
ᄐᆞ릐과ᄂᆞᆫ ᄭᅮᆯ믈의 반듁ᄒᆞ여 ᄲᅡ흐라 뎝어 고이 버혀 노화 ᄆᆞᄅᆞ거든 지지면 됴흐니라

타래과
타래과는 꿀물에 반죽하여 썰어서 접어 곱게 벌려 놓아 마르거든 지지는 것이 좋다.

재료 및 분량 | 4인분 기준 |

밀가루 1컵(100g)
소금 ¼작은술
꿀 1큰술(20g)
물 2큰술
튀김용 기름 3컵
잣가루 1큰술

즙청
꿀 1컵
계핏가루 ¼작은술

만드는 방법

1 밀가루에 소금을 곱게 갈아 넣고 꿀과 물을 넣어 반죽한다.
2 ①을 얇게 밀어 펴서 6×1.8cm로 썰어 세 군데에 칼집을 넣는다.
3 가운데 칼집 사이로 한 면의 양끝을 넣어 뒤집는다.
4 160℃ 정도의 튀김기름에 넣어 튀겨 건져 기름을 뺀다.
5 즙청용 꿀에 계핏가루를 섞어 ④를 담갔다가 망에 건져 그릇에 담고 잣가루를 뿌린다.

참고사항

◎ 원문에는 즙청에 관한 기록은 없으나 즙청하였다.

채소과

ᄎᆡ소과

ᄎᆡ소과ᄂᆞᆫ 대 막ᄃᆡ 두 갈고리 ᄒᆞ여 가지고 가놀게 미러 붓지 아니케 그 막ᄃᆡ의 가마 번철의 두의쳐 지지ᄂᆞ니라

채소과

채소과는 대나무 막대를 두 갈고리로 하여 붙지 않게 그 막대에 감아 번철에 뒤적여 지진다.

재료 및 분량 | 4인분 기준 |

밀가루 2컵(200g)
소금 ½작은술
물 3큰술
전분 ½컵
튀김용 기름 3컵

만드는 방법

1 밀가루에 소금을 곱게 갈아 넣고, 중간체에 내려 물로 반죽하여 밀어 국수처럼 얇게 썬다.
2 대나무 막대를 두 갈고리로 하여 전분을 묻히면서 붙지 않게 감아 풀리지 않게 가운데를 묶는다.
3 160℃ 정도의 튀김기름에 넣어 연한 갈색이 나도록 튀겨 건져 기름을 뺀다. 이때 지초기름에 튀기면 분홍빛이 난다.

살구편

ᄉᆞᆯ고편

ᄉᆞᆯ고ᄅᆞᆯ ᄡᅵ ᄇᆞᆯ나 ᄇᆞ리고 실ᄂᆡ 담아 ᄶᅧ 건져 더운 김 난 후 체예 걸너 새옹의 쳥밀 우무 ᄉᆞᆯ고 세 ᄀᆞ지ᄅᆞᆯ ᄒᆞᆫᄃᆡ 합ᄒᆞ도록 조려 다 존 후의 ᄌᆡᆼ반의 젼병쳐로 펴 노ᄒᆞ면 됴ᄒᆞ니라

살구편

살구를 씨 발라 버리고, 시루에 담아서 찌고 건져 낸다. 더운 김이 난 후에 체에 걸러 새옹에 꿀, 우무, 살구 3가지를 한데 합해지도록 졸여서 다 졸은 후 쟁반에 전병처럼 펴 놓으면 좋다.

재료 및 분량 | 4인분 기준 |

살구 10개(380g)
꿀 280g(1컵)
한천가루 3큰술(15g)
물 4컵
소금 ½작은술

만드는 방법

1. 살구를 깨끗이 씻어 반을 가르고 씨를 발라내어 찜기에 10분 간 무르도록 쪄서 식힌다.
2. ①을 고운체에 걸러 껍질을 제거하고 즙을 내린다.
3. 한천가루에 물과 소금을 넣고 한천가루가 녹을 때까지 끓인다.
4. ③에 살구즙, 꿀을 넣고 덩어리 지지 않도록 가끔 저으면서 30분 정도 중불에서 끓인다.
5. 네모난 그릇에 물을 바르고 ④를 쏟아 부어서 식힌다.
6. 살구편이 식어서 굳으면 꺼내어 네모지게 썬다.

참고사항

◎ 《술 만드는 법》, 《규합총서》, 《시의전서》에서는 결착제로 녹말을 사용하였으나, 《주식방문》에서는 우무를 사용한 것이 특징이다.
◎ 살구 10개는 380g인데 씨를 발라내면 350g이 되고, 쪄서 껍질을 제거하고 즙을 내면 150g이 된다.
◎ 고운체는 깁체를 말한다.

앵두편

잉두편
잉도를 삐지 데쳐 체의 걸너 쳥밀 우무 잉도 세 ᄀᆞ지를 새옹의 조려 다 존 후의 징반의 펴 식이ᄂᆞ니라

앵두편
앵두를 씨 째로 데쳐 체에 걸러 꿀, 우무, 앵두 3가지를 새옹에 조려 다 졸인 후에 쟁반에 펴 식힌다.

재료 및 분량 | 4인분 기준 |

앵두 2컵(280g)
물 1½컵
꿀 1컵(280g)
한천가루 4큰술(20g)
물 4컵
소금 ½작은술

만드는 방법

1. 앵두를 깨끗이 씻어 통째로 찬물 1½컵을 넣어 20분 정도 삶는다.
2. ①을 고운체에 걸러 껍질과 씨를 제거하고 즙을 내린다.
3. 한천가루에 물 4컵과 소금을 넣고 한천가루가 녹을 때까지 끓인다.
4. 냄비에 앵두즙, 꿀, ③을 넣어 덩어리지지 않도록 잘 저으면서 30분 정도 중불에서 끓인다.
5. 네모난 그릇에 물을 바르고 ④를 쏟아 부어서 식힌다.
6. 앵두편이 식어서 굳으면 꺼내어 네모지게 썬다.

참고사항

◎ 앵두 280g은 삶아 즙을 내면 170g 정도가 나온다.

오미자편

오미ᄌᆞ편
오미ᄌᆞ편은 오미 믈의 엉길 만치 ᄒᆞ여거든 다ᄉᆞᆺ 후 연지을 너허 암도라지게 ᄒᆞ여 퍼 구쳐야 고으니라

오미자편
오미자편은 오미자 물에 (녹말 물을) 엉길 만큼 하여 끓여 다되어 갈 때 연지를 넣어 앵돌아지게 하여 펴 굳혀야 곱다.

재료 및 분량 | 4인분 기준 |

오미자 ½컵(45g)
물 4컵
한천가루 6큰술(30g)
꿀 1컵(280g)
소금 ½작은술

만드는 방법

1 오미자를 씻어 찬물 4컵을 부어 하루를 우려내어 고운체에 밭친다.
2 오미자물에 한천가루를 넣어 끓여 한천이 녹으면 꿀, 소금을 넣어 중불에 30분간 끓인다.
3 네모난 그릇에 물을 바르고 ②를 부어 식혀 굳힌다.
4 오미자편이 식어서 굳으면 꺼내어 네모지게 썬다.

참고사항

◎ 본책에서는 앵두편, 살구편과 같이 한천(우무)을 사용하였다.

살구쪽정과

쪽이정과
살고 ᄶᅩ기ᄅᆞᆯ ᄌᆞ의 아니 든 거시여든 갈나 �씨만 ᄂᆡ고 ᄌᆞ의 든 거시여든 ᄌᆞ의 센 거ᄉᆞᆯ 글거 ᄇᆞ리고 잠간 데쳐 내여 믈 ᄠᅴ우우고 청밀 잠간 ᄭᅳᆯ혀 거품 일거든 거더 ᄇᆞ리고 ᄶᅩ기ᄅᆞᆯ ᄭᅮᆯ의 젓쳐 ᄂᆞ라니 노하 ᄭᅳᆯ히면 ᄶᅩ기 파라ᄒᆞ여 닉거든 ᄯᅩ 뒤혀 노하 ᄒᆞᆫ소금 ᄭᅳᆯ혀 건지ᄃᆡ 블이 ᄲᆞ면 ᄭᅮᆯ이 수이 줄고 단ᄂᆡ 나 죠치 아니ᄒᆞ니 블을 ᄲᅴ오지 말고 ᄒᆞ라

쪽정과
살구 쪽을 심이 안 든 것이면 갈라서 씨만 내고, 심이 든 것이면 심이 센 것을 긁어 버린다. 잠깐 데쳐 내어 물을 빼고 꿀을 잠깐 끓여 거품이 일거든 걷어 버리고, 살구 쪽을 꿀에 젖혀 나란히 놓아 끓인다. 살구 쪽이 나른하게 익으면 또 뒤집어 놓아 한소끔 끓여서 건진다. 불이 세면 꿀이 쉽게 졸고 단내가 나서 좋지 않으니 불을 세게 하지 않는다.

재료 및 분량 | 4인분 기준 |

살구 10개(360g)
물 5컵
꿀 1컵(280g)
소금 ⅓작은술

만드는 방법

1 살구를 반으로 갈라 씨를 제거하고 과육만 남긴다.
2 물에 소금을 넣고 끓여 ①의 살구 과육을 넣고 30초 정도 잠깐 데쳐 찬물에 헹구고 물기를 거둔다.
3 냄비에 꿀을 올려 끓여 거품을 걷어 내고, 살구의 자른 면이 위로 오도록 나란히 놓아 약한 불로 끓인다. 5분 정도 끓이면서 생기는 거품도 말끔히 걷어낸다.
4 망에 밭쳐 여분의 꿀을 제거하고 말린다.

참고사항

◎ 살구 10개는 360g 정도이고, 씨를 제거하면 과육은 330g이 된다.

산사정과

산ᄉᆞ
산ᄉᆞ을 ᄭᅮᆯ의 ᄆᆡ오 조려 밀 덩이 쳐로 □□□□ 도 ᄒᆞ고 상의도 노ᄒᆞ면 조ᄒᆞ니라

산사
산사를 꿀에 매우 조려 꿀 덩어리처럼 □□□□ 도 하고 상에도 놓으면 좋다.

재료 및 분량 | 4인분 기준 |

산사 20개(350g)
꿀 1컵(280g)
소금 ½작은술

만드는 방법

1. 산사를 끓는 물에 살짝 데쳐 찬물에 헹구어 물기를 닦는다.
2. 냄비에 꿀을 붓고 끓여 거품을 걷어 내고 데친 산사, 소금을 넣고 약한불에서 20분 정도 조린다.
3. 다 조려지면 망에 여분의 꿀을 밭친다.

동아정과

동과졍과법

별노 센 동과를 조각조각 버혀 속 아사 ᄇᆞ리고 ᄉᆞ회의 믈이 흐ᄅᆞ도록 두루 문질어 또 새 ᄉᆞ회를 동과 조각의 두루 무쳐 소라의 담고 믈을 브으되 동과의 잠기지 아니케 붓고 즌 ᄉᆞ회도 믈의 너흔 후의 동과 우흘 ᄉᆞ회 무든 스게로 덥허 둣다가 동과가 세여지거든 조각 ᄉᆞ면 싹가 ᄇᆞ리고 동과 솟출 보아 믈ᄒᆞ고 쳥밀을 새옹의 부어 쓸힌 후의 동과를 너허 쓸히디 빗치 븕게 ᄒᆞ랴면 몬져 부엇던 쳥밀은 쏠오고 새로 쳥밀을 브어 조리ᄂᆞ니라

동아정과

매우매우 센 동아를 약과 같이 썰어, 사회에 고루고루 떡고물같이 묻힌다. (그것을)냉수에 담고 사회를 묻히고 다 못 묻힌 것을 그 물에 타서 동아가 잠길 만큼 담근다. (동아를) 자주 뒤집어 사나흘 지나서 내어 보면 실 같은 것이 나고 삭았거든 냉수에 우린다. 사회가 묻은 동아를 다 다시 깡아 통노구에 꿀물을 부어 불을 지펴 두고 졸여지는 대로 꿀물을 타 부어 조린다. 점점 붉어지면 꿀을 넉넉히 타서 이틀 정도 달여 빛이 붉어질 때까지 두면 좋다. 또 센 동과를 채처럼 납작하게 썰어, 사회를 탄물에 하루만 담갔다가 헹궈 버리고 만들어도 서벅서벅 하여도 좋다.

재료 및 분량 | 4인분 기준 |

센 동아 8kg(껍질과 속을 제거한 동아 4kg)
사회 2kg
꿀 3kg

만드는 방법

1 세척한 동아를 가로 3등분, 세로 3등분하여 씨와 무른 속을 파내고 껍질을 벗긴다.
2 큰 그릇에 동아를 2×5cm 길이로 잘라 사회를 묻히고 자주 뒤집어 주면서 24시간 방치한다.
3 뻣뻣해진 동아를 물에 담가 실 같은 것이 동아 속에 보이면 물에 담근 후 여러 번 헹궈낸다.
4 동아를 체에 받쳐 물기를 뺀 후 동아 무게를 재고, 꿀을 부어 센 불에 끓이다가 약불로 6시간 조린다. 동아를 투명하고 윤이 나면서 붉어지게 조린다.
5 ④의 재료가 식으면 체에 밭친 후 낱낱이 떼어놓는다.

참고사항

◎ 8kg의 동아는 껍질과 씨의 양이 4.5kg, 가식부 4kg로 폐기율이 50%이다.
◎ 동아는 사회로 전처리를 하고 세척하여 물기를 제거한 후의 무게는 3.5kg이다.
◎ 꿀은 부피적 동량을 무게로 하여 3kg이다.

주식방문
원문과 번역문

쥬식방문

1. 과동외지히법

과동외디히법

늘근 외ᄅᆞᆯ 믈의 씻디 말고 힝ᄌᆞᄅᆞᆯ ᄊᆡ라 가며 외 몸의 무든 거ᄉᆞᆯ 죄 쓰셔 믈 ᄀᆡ운 업시 독의 ᄎᆞᆫᄎᆞᆫ 너코 소금을 믈의 ᄶᆞ게 프러 고븟고븟 ᄭᅳᆯ혀 부으면 외가 톡톡 터디ᄂᆞᆫ ᄃᆞᆺᄒᆞ거든 돌노 지ᄌᆞᆯ너 두어다가 사나흘만 되거든 외ᄅᆞᆯ 내고 그 소금믈의 소금을 더 너(코) (다)시 또 ᄭᅳᆯ혀 ᄎᆡ와 부으면 여라믄 날만 ᄒᆞ거든 또 ᄭᅳᆯ혀 식여 부어 웍ᄉᆡ 너코 (돌)노 디ᄌᆞᆯ너 쓰디 아니케 ᄒᆞ여 (ᄒᆞ)ᄃᆡ 면 샹치 아니(ᄒᆞ고) ᄶᅳᆷ ᄉᆞᆷ겁기ᄂᆞᆫ 쟝 ᄃᆞᆷ기 ᄀᆞᆺ (ᄒᆞ여) 알마(초) 소금이 젹으면 무ᄅᆞ고 외ᄅᆞᆯ 싼 디 오란 거ᄉᆞᆯ ᄒᆞ면 사위여 연치 아니ᄒᆞ고 이 법ᄃᆡ로 ᄉᆞᆷ거이 ᄒᆞ여 져믄 외로 담갓다가 동침이의도 넛ᄂᆞ니라

2. 즉시 쓰는 외침채법

ᄌᆞᆨ금[4] 쓰ᄂᆞᆫ 외딤ᄎᆡ법

외ᄅᆞᆯ 두 머리ᄅᆞᆯ 버히고 믈 고븟지게 ᄭᅳᆯ혀 잠간 데쳐 내여 ᄎᆞᆫ물의 더운 ᄀᆡ운 업시 씻고 골 그어 싱강과 마늘 두ᄃᆞ려 외 속의 너코 소금믈을 ᄭᅳᆯ혀 ᄎᆡ와 ᄉᆞᆷᄉᆞᆷᄒᆞ게 마초아 ᄃᆞᆷᄂᆞ니라

---

1 착착 : 차곡차곡
2 고븟고븟 : 펄펄 끓여서
3 여나믄 날 : 십여 일

과동외지히법

늙은 외를 물에 씻지 말고, 행주를 빨아가며 외의 몸에 묻은 것을 죄 씻어 물 기운 없이 독에 착착[1] 넣는다. 소금을 물에 짜게 풀어 고붓고붓[2] 끓여 (독에) 부어서 외가 툭툭 터지는 듯하면 돌로 지질러 둔다. 3~4일이 되면 외를 꺼내고, 소금물에 소금을 더 넣어 다시 끓여 식혀 붓는다. 여나믄 날[3]이 지나면 또 끓여 식혀 붓고 억새를 넣고 돌로 지질러 뜨지 않게 하여 바깥에 두면 상치 않는다. 짜고 싱겁기는 장 담는 것과 같으니 알맞추어 한다. 소금이 적으면 무르고, 외를 딴 지 오랜 것을 하면 쇠여 연하지 않다. 이법대로 슴슴하게 하여 어린 외로 담갔다가 동치미에도 넣는다.

즉시 쓰는 외침채법

외는 양쪽 끝을 잘라버린다. 물을 고부지게 끓여 잠깐 데쳐내어 찬물에 더운 기운이 없이 씻는다. 곧 그어[5] 생강, 파, 마늘을 다져서 외 속에 넣는다. 소금물을 끓여 식혀서 삼삼하게 (간을) 맞추어 담는다.

---

4 즉금 : 지금 곧

5 그어 : 칼집을 넣어

3. 생치김치법

싱치김치법

외과 싱치ᄅᆞᆯ ᄡᅣ흐라 각각 잠간 기름 치고 복가 내고 속쓰물 고이 바다 쓸히고 싱치 복근 거ᄉᆞᆯ 드리쳐 ᄒᆞᆫ소금 쓸히며 파 흰 ᄃᆡ 쁘져 너허 잠간 ᄒᆞ여 너허 내여 동침이국을 텨 마ᄉᆞᆯ 마초면 됴흐니라

4. 청장법(송도[6]법)

쳥장법 숑도법

며조 ᄒᆞᆫ 말의 믈 ᄒᆞᆫ 통 소금 닷 되식 ᄃᆞᆷ아 글늘의 노 두면 마시 ᄃᆞᆯ아 소금 마시 감ᄒᆞᆫ 후 ᄒᆡ 니블 (딘) 거ᄉᆞᆯ 것고 실ᄂᆡ 밧쳐 지령만 불을 쓰게 ᄒᆞ여 달히ᄃᆡ 삼분지일이 되게 달혀야 빗치 곱고 두어도 샹치 아니ᄒᆞᄂᆞ니라 구월과 십월의 ᄃᆞᆷ으고 극한과 극열의ᄂᆞᆫ 못 ᄃᆞᆷᄂᆞ니라

즈의[7]ᄂᆞᆫ 소금 섯거 쪄 먹ᄂᆞ니라

5. 고추장법

고초쟝법

며조 ᄒᆞᆫ 말 찌허 굵은 체로 츠고 고초ᄀᆞᄅᆞ 서 홉만 너코 콩가루 서 되 ᄊᆡ소금 서 되 너코 소금 두 되 가옷만 너흐ᄃᆡ 즐고 되기ᄂᆞᆫ 샹인의 된 콩듁만치 ᄒᆞ면 됴흐니라

6. 즙지히방문

즙디히 방문

기울이 두 말이면 콩 넉 되를 너흐ᄃᆡ 콩을 이사흘을 ᄃᆞᆷ가 두면 거품 ᄂᆡ면 쉰 ᄂᆡ 나거든 우믈의 가 죄 ᄲᅵ셔 기울의 섯거 실ᄂᆡ 담아 닉게 닉게 쪄 기울과 콩이 합ᄒᆞ도록 ᄆᆞ이 찌허 며조ᄅᆞᆯ ᄌᆞᆯ게 ᄌᆞᆯ게 쥐여 버들그ᄅᆞ시나 딜그ᄅᆞ시나 닥닙흘 케 두어 안쳣다가 사나흘 만희 보면 부희여 ᄒᆞ게 씻거든 그제야 빗 가흐라 둣다가 사나흘 만의 볏ᄒᆡ 다엿ᄉᆡ ᄆᆞ이 말뇌여 찌허 체로 처 소금물의 반죽을 ᄒᆞ되 기울 두 말이면 소금 ᄒᆞᆫ 되나 됴케 너코 즐기 되기ᄂᆞᆫ 손의 쥐여 보아 쥐이면 마ᄌᆞ니라

---

6 송도 : 개성(開城)의 옛 이름. 고려의 수도였다.

7 즈의 : 찌꺼기

8 니불인 것 : 장 위에 뜬 이물질들

9 뜨게 : 뭉근하게

생치김치법

외와 꿩고기를 썰어 각각 기름을 조금 쳐서 볶아낸다. 속뜨물을 고이 받아 끓이고 꿩고기 볶은 것을 넣고 한소끔 끓인다. 파 흰 대를 찢어 넣어 잠깐 끓여 내어 동치미 국을 쳐서 맛을 맞추면 좋다.

청장법 송도법

메주 1말에 물 1동이, 소금 5되씩 담는다. 그늘에 놓아 맛이 달아지고, 소금 맛이 덜해지면 위에 나불인 것[8]을 걷는다. 시루에 밭쳐 간장만 불을 뜨게[9] 하여 달이되 ⅓이 되게 달여야 빛이 곱고 두어도 상하지 않는다. 9월과 10월에 담그고, 극한[10]과 극열[11]에는 못 담근다.

찌꺼기는 소금 섞어서 띄워 먹는다.

고추장법

메주 1말을 찧어 굵은체로 친다. 고춧가루 3홉 반 넣고, 콩가루 3되, 깨소금 3되 넣고, 소금 2되가웃만 넣는다. 질고 되기는 상인[12]의 된 콩죽 만치 하면 좋다.

즙지히 방문

기울이 2말이면 콩 4되를 넣되 콩을 2~3일을 담가둔다. 거품이 일어 쉰내 나면 우물에 가서 씻어 기울에 섞는다. 시루에 담아 익게 쪄서 기울과 콩이 합하도록 많이 찧어 메주를 잘게 쥐어 버들그릇이나 질그릇에나 닥잎을 켜두어 안친다. 3~4일 만에 보면 뿌옇게 뜨면 그제야 밑을 갈라 둔다. 3~4일 만에 햇볕에 4~6일을 많이 말려 찧어 체로 친다. 소금물에 반죽을 하되 기울 2말이면 소금 1되나 넉넉하게 넣고 질고 되기는 손에 쥐어 보아 쥐이면 맞다.

---

10 극한(極寒) : 아주 추울 때

11 극열(極烈) : 아주 더울 때

12 상인(常人) : 상사람(조선 중기 이후에 '평민'을 이르던 말)

ᄂᆞ믈도 소금믈의 ᄃᆞᆷ으되 ᄶᆞᆫ 딤ᄎᆡ국만치 ᄒᆞ여 ᄃᆞᆷ으고 덕 안치ᄃᆞᆺ시 나믈 ᄒᆞᆫ 켸 밥 ᄒᆞᆫ 켸 안치ᄃᆡ 밥이 너모 만흐면 샤각샤각ᄒᆞ고 ᄂᆞ믈이 너모 만흐면 쉬기 쉬오니 그ᄅᆞᆯ 아라 알마초 ᄒᆞ여야 조코 두험을 깁히 킈 큰 ᄉᆞ나희 가슴의 치이게 ᄑᆞ고 플을 서너 바리나 븨여 뻐흐러 너코 겨 셔너 그라시나 붓고 믈 다엿 그ᄅᆞ시나 부으ᄃᆡ 날이 덥거든 그져 붓고 칩거든 ᄭᆞᆯ혀 붓고 거적으로나 헌 멍셕으로나 우흘 만히 덥혀 ᄃᆞᆺ다가 이사흘 만의 보면 손을 못 다히게 쓰겁거든 그제야 깁게 ᄑᆞ고 즙디히를 무덧다가 나흘만 식젼 ᄂᆡ면 극진 극진ᄒᆞ니라 믓고 부ᄃᆡ 거적으로 만히 덥허야 됴코 두험이 극진ᄒᆞ면 즙디히가 어길 적이 업ᄂᆞ니라

우ᄒᆞ로셔 ᄂᆞ리 쓰디 말고 밋흐로셔 치써냐 근심이 업ᄂᆞ니라

즙디히만 반죽ᄒᆞᆯ 적 지령과 쳥밀 너허 ᄒᆞ면 더 됴흐니라

7. 대추초 담는 법

대초 ᄃᆞᆷᄂᆞᆫ 법

반은 ᄂᆡ은 대초를 ᄒᆞᆫ 벌 삐셔 나조 간의 넌ᄂᆞᆫ 항의 칠 홉만 되게 너코 닝슈를 제 몸이 ᄃᆞᆷ길 만치 붓고 손으로 눌어 보면 밥 안치ᄃᆞ시 손등의 믈이 오ᄅᆞ게 하여 쳐ᄆᆡ여 ᄃᆞᆺ다가 여러 날 되여 골아 지씨 이고 싄ᄂᆡ 나거든 대초 서 되만 되거든 ᄡᆞᆯ ᄒᆞᆫ 되 밥 짓고 누록 ᄆᆡ이 씨여 ᄎᆞ디 말고 밥과 ᄀᆞ치 ᄒᆞᆫ 되를 너흐ᄃᆡ 식거든 녜ᄉᆞ 상술노 비저 괴여 멀거ᄒᆞ거든 대조 ᄒᆞᆫ 되 드러부어 두면 오란 후 ᄀᆞ라안자 ᄆᆞᆰ고 싀고 조흐니 쓰고 또 ᄆᆞᆰ은 술 붓고 후츄도 이시면 부어 쓰니 각식 곡셕으로 ᄒᆞᆫ (초조로) ᄂᆡ도 이 됴코 쉬오니라

8. 붕어찜 만드는 법

부어찜 ᄆᆡᆫᄃᆞᄂᆞᆫ 법

부어찜 소를 ᄃᆞᆰ이나 싱치나 ᄒᆞ면 유활코 부드러워 조커니와 ᄃᆞᆰ 싱치가 업거든 황육으로 소를 ᄒᆞ되 별노 ᄂᆞ른 두ᄃᆞ려 기름장 치고 파 마늘이나 ᄒᆞ고 호초ᄀᆞᄅᆞᄒᆞ고 진ᄀᆞᄅᆞ 조곰 너코 ᄃᆞᆰ의 알 싸여 ᄃᆞᆰᄃᆞᆰ ᄀᆡ여 너허 소이 즐게 ᄒᆞ여 지질 적 싸딜 ᄃᆞ시 너허야 소히 보드랍고 지지기를 노고 바닥의 슈슈ᄃᆡ나 빨리나 노코 부어가 크거든 기름을 쟈근 죵ᄌᆞ로 반 죵ᄌᆞ나 두여 쌔국을 제 몸이 넉넉이 ᄌᆞᆷ길 만치 ᄒᆞ여 붓고 녹난토록 ᄭᆞᆯ힌 후의 ᄀᆞᄅᆞ즙을 ᄒᆞ여 붓고 ᄀᆞᄅᆞ 내 업시 ᄒᆞᆫ소금을 ᄭᆞᆯ혀 내면 됴코 훗국을 ᄒᆞ여 붓거나 훗기름을 텨도 마시 업셔지니 브ᄃᆡ 아니 국을 마초ᄒᆞ여야 됴흐니라

부어 디질 적 슈슈ᄃᆡ나 ᄡᆞ리 ᄭᆞᆯ기ᄂᆞᆫ 노고 바닥의 븟툴가 ᄒᆞ여 ᄆᆞ옴ᄭᆞᆺ 디지기를 위ᄒᆞᆫ 일이라

---

13 바리 : 말과 소의 등에 잔뜩 실은 짐을 세는 단위

14 겨 : 벼, 보리, 조 따위의 곡식을 찧어 벗겨 낸 껍질을 통틀어 이르는 말

15 7홉 : 항아리 용량의 7부 정도

16 후주(後酒) : 맑은 술을 뜨고 난 후 술 찌꺼기에 물을 부어 다시 만든 술

나물도 소금물에 담되 짠 침채국만큼 하여 담고 떡을 안치듯이 나물 한 켜 밥 한 켜를 안친다. 밥이 너무 많으면 사각사각하고, 나물이 너무 많으면 쉬기 쉬우니 그를 알아 알맞추어 하여야 좋다. 두엄을 깊이 키 큰 사나이 가슴에 차이게 파고 풀을 서너 바리[13]나 베어 썰어 넣고, 겨[14]를 섞어 그릇에 붓는다. 물 5그릇을 붓되 날이 덥거든 그저 붓고, 춥거든 끓여 붓는다. 거적으로나 헌 멍석으로 위를 많이 덮어 둔다. 2~3일 만에 보면 손을 못 대게 뜨거우면 그제야 깊게 파고 즙지히를 묻는다. 4일 만에 식전에 내면 극진하다. 묻고 부대 거적을 많이 덮어야 좋고, 두엄이 극진하면 즙지히가 잘못될 일이 없다.

위에서 내리뜨지 말고, 밑으로 치떠야 근심이 없다.

즙지히만 반죽할 때는 간장과 청밀을 넣어 하면 더 좋다.

대추 초 담는 법

반은 익은 대추를 한번만 씻어 그날 안에 먼저 초를 담갔던 항아리에 7홉[15]만 되게 넣는다. 냉수를 제 몸이 잠길 만큼 붓고 손으로 눌러보아 밥 안치듯이 손등에 물이 오르게 하여 싸매어 둔다. 여러 날이 되어 골마지 끼고 쉰내가 나기 시작하면, 대추 3되에 쌀 1되로 밥을 짓는다. 누룩을 많이 깨서 치지 말고, 밥과 꼭 같이 1되를 더 하되 (밥이) 식으면 섞고, 생술로 빚어 괴어 멀겋게 되면 대추 1되를 더 넣는다. 오랜 두면 가라앉아 맑으며, 시고 좋다. 뜨고 나서 또 맑은 술 붓고 후주[16]도 있으면 부어 쓰는데, 각색 곡식으로 한 식초도 좋고 쉽다.

붕어찜 만드는 법

붕어찜 소를 닭이나 꿩고기나 하면 유활하고 부드러워 좋다. 닭이나 꿩고기가 없으면 쇠고기로 소를 하되 특별히 나른하게 두드린다. 기름장을 치고 파, 마늘, 후춧가루, 밀가루 조금 넣고, 달걀을 까서 닥닥 개어 넣어 조금 질게 한다. 지질 때에 (붕어의 뱃속에 소를) 빠질 듯이 (많이) 넣어야 속이 보드랍다. 지질 때 노구 바닥에 수수대나 싸릿대를 놓는다. 붕어가 크면 기름을 작은 종지로 반 종지 정도 넣고, 깻국을 제 몸이 넉넉히 잠길 만큼 하여 붓고 녹난토록[17] 푹 끓인다. 가루즙을 하여 붓고 가루 냄새가 나지 않도록 한소끔 끓여 내면 좋다. 훗국으로 하여 붓거나 훗기름을 쳐도 맛이 없어지니 부디 처음부터 국물을 맞추어 부어야 좋다[18]. 붕어를 지질 때에 수수대나 싸리 깔기는 노구 바닥에 붙을까 하여 마음껏 지지기를 위한 일이다.

---

17 녹란토록 : 농란하도록. 잘 익은 상태가 되도록.

18 처음부터 국물을 맞추어 부어야 좋다 : 끓이는 도중에 국물을 더 붓거나 기름을 더하면 맛이 없으니 처음부터 국물 양을 잘 맞추어야 좋다.

9. 동아선

동과선법

센 동과를 넘 갓아 고이 빠흐라 솟츨 조히 씻고 기름 조곰 슷치고 잠간 복가 졸 때 싱강 마늘 ᄀᆞ느리 두ᄃᆞ리고 됴흔 초 섯거 고릇 가에 잠간 둘너 니면 됴흐니라

10. 겨자선

계ᄌᆞ선

계ᄌᆞ선은 잠간 복가 내여 계ᄌᆞ를 ᄌᆞᆸᄌᆞᆯ이 ᄀᆞ여 부으면 됴흐니라

11. 배추선

빅ᄎᆞ선

빅ᄎᆞ선은 됴흔 비ᄎᆞ[19]를 손가락 기릐 마곰 졸나 솟 달호고 기름 조곰 스쳐 잠간 복가 내고 겨ᄌᆞ를 죠곰 ᄌᆞᆸᄌᆞᆯ이[20] ᄒᆞ여 쳐 두고 쓰면 됴흐니라

12. 별즙지히법

별 즙디히법

ᄀᆞ을보리쌀 닷 말을 닷기고 다시 닷겨 이 씨서 찌허 굵은 체로 쳐 콩 두 말가오술 무ᄅᆞ게 무ᄅᆞ게 쪄 보리ᄀᆞᄅᆞᄒᆞ고 찐 콩ᄒᆞ고 실ᄂᆡ 담아 쪄 방하의 찌허 며조를 쥐여 셤의 솔닙 케 두어 가며 씌오ᄃᆡ ᄒᆞᆫ 닐웨 만의 내여 되재고 두 닐웨 만의 쥐여 재고 세 닐웨 만의 노라케 쓰거든 내여 몰뇌여 찌허 엿기름 작말ᄒᆞᆫ 것 서 되 ᄉᆞᆯ ᄒᆞᆫ 되 기름 서 홉 너코 지령 국을 간간이 ᄒᆞ여 반듁을 절편 반듁만치 ᄒᆞ고 ᄂᆞ믈 케 두어 안쳐 ᄃᆞᆫᄃᆞᆫ이 빠ᄆᆡ고 솟두에로 덥허 몰쏭 두험의 찌워 세 닐웨 만의 내면 됴흐니라

---

19 비ᄎᆞ : 백채 · 배차, 배추

20 ᄌᆞᆸᄌᆞᆯ이 : 잡잘이(짭짤이), 감칠맛이 있어 조금 짜게

동과선법

센 동아를 가장자리를 잘라 곱게 썬다. 솥을 잘 씻고, 기름을 조금 두르고, (동아를) 잠깐 볶는다. (볶은 동아를) 조릴 때 생강과 마늘을 곱게 다지고, 좋은 식초를 섞어 그릇 가장자리에 둘러내면 좋다.

겨자선

겨자선은 (동아를) 잠깐 볶아내고, 겨자를 짭짤하게 개어 부으면 좋다.

배추선

배추선은 좋은 배추를 손가락 길이만큼 자른다. 솥을 달구고, 기름을 조금 쳐서 잠깐 볶아 낸다. 겨자를 조금 짭짤하게 하여 쳐 두고 쓰면 좋다.

별 즙지히법

가을보리쌀 5말을 대끼고[21], 다시 대껴 씻어 찧어 굵은체로 친다. 콩 2말 가웃[22]을 무르게 무르게 찐다. 보릿가루하고 찐 콩하고 시루에 담아 쪄서 방아에 찧어 메주를 쥐어 섬에 솔잎 켜 두어가며 띄운다. 한이레[23] 만에 내여 모두 재우고, 두이레[24] 만에 뒤집어 재운다. 세이레[25]만에 노랗게 뜨면 내서 말려 찧는다. 엿기름가루 낸 것 3되, 꿀 1되, 기름 3홉을 넣고 간상국을 간간이 하여 반죽을 절편 반죽만큼 하고 나물 켜 두어 앉혀 단단히 싸맨다. 솥뚜껑으로 덮어 말똥 두엄[26]에 띄워 세이레 만에 내면 좋다.

---

21 대끼다 : 애벌 찧은 수수나 보리 따위를 물을 조금 쳐 가면서 마지막으로 깨끗이 찧다.
22 2말 가웃 : 2말 반
23 한이레 : 7일
24 두이레 : 14일
25 세이레 : 21일
26 두엄 : 웅덩이에 풀 · 짚이나 그 밖의 잡살뱅이를 썩힌 거름

13. 청과장법

청과쟝법

져믄 ᄆᆞ른 외ᄅᆞᆯ ᄒᆞ나흘 두세히[27] ᄌᆞᆯ나 버혀 열십ᄌᆞ로 갈나 ᄭᅳᆯᄂᆞᆫ 물의 드리쳐 잠간 데쳐 채 닉지 아녀셔 물 ᄡᅴ워 기롬의 잠간 복가 외 가른 ᄉᆞ이의 졸[28]을 복가 ᄶᅵ우고 지령을 게 젓국쳐로 달혀 ᄃᆞᆷ가 두니 이튼날도 머글 만ᄒᆞ고 사흘이면 채[29] 닉ᄂᆞ니 쳔초 바아 너코 싱강도 뎜여 너흐면 됴흐니라

14. 청지히법

청디히법

청디히 외ᄅᆞᆯ 팔월 념간[30]이나 ᄑᆞ른 외ᄅᆞᆯ ᄯᅡ 소금의 뭇ᄃᆞ시 저려 둣다가 이튼날이나 전국의 소금적을 흔드러 항의 너코 그 국을 ᄀᆞ라안초아 항의 붓고 싱강이나 두ᄃᆞ려 ᄒᆞᆫ듸 두엇다가 ᄡᅳ면 됴흐니라

15. 칠계탕

칠계탕

ᄃᆞᆰ을 말가케 ᄢᅵ서 표고 박우거리 쉰무우 토란 다ᄉᆞ마 도랏 너코 지령 기롬 너허 항의 담아 듕탕ᄒᆞ여 글히면 됴흐니라

16. 족편

쪽편

죡을 말가ᄒᆞ게 ᄢᅵ서 ᄆᆞᄅᆞ게 고으듸 믈을 마초 부어 그 믈의 ᄌᆞᆺ게 고아 ᄲᅧ ᄀᆞᆯ히고 덜 프러딘 것 잇거든 두드려 너코 지령 기롬 싱강 두ᄃᆞ려 징반의 푼 후 호쵸ᄀᆞᄅᆞ과 잣ᄀᆞᄅᆞᄂᆞᆫ 우흐로 ᄲᅵ여 어릐우ᄂᆞ니라

17. 저편

뎌편

뎌육을 날 반 남아 닉으니 반 모춤[32] ᄂᆞ른이 두ᄃᆞ려 쳔초ᄀᆞᄅᆞ 마ᄂᆞᆯ 파 싱강 너코 녹말 너허 두드려 기롬 지령 마초 너허 뭉쳐 어러미의나 노하 ᄲᅧ 치와 ᄢᅡ흐라 초지령 ᄯᅵᆨ어 먹ᄂᆞ니라

---

27 두세히 : 2~3등분
28 졸 : 부추의 충청도 방언
29 채 : 어떤 상태나 동작이 다 되거나 이루어졌다고 할 만할 정도에 아직 이르지 못한 상태

청과장법

어린 청오이 하나를 2~3등분으로 잘라 베어 열십자로 가른다. 끓는 물에 넣어 잠깐 데쳐 채 익지 않도록 하여 물을 빼서 기름에 잠깐 볶는다. 오이 가른 사이에 부추를 볶아 끼운다. 간장을 게젓국처럼 달여 담가 둔다. 이튿날도 먹을 만하지만, 사흘이 되어도 덜 익은 상태이다. 천초를 빻아 넣고, 생강도 저며 넣으면 좋다.

청지히법

청지희 오이를 8월 20일 전후하여 푸른 외를 따서 소금에 묻듯이 절여 둔다. 이튿날이 되면 앞의 국물에 소금적[31]을 흔들어 항아리에 넣는다. 그 국을 가라 앉혀 항아리에 붓고 생강을 다져서 한데 두었다가 쓰면 좋다.

칠계탕

닭을 깨끗하게 씻어 표고버섯, 박오가리, 순무, 토란, 다시마, 도라지 넣고, 간장과 기름을 넣어 항아리에 담아 중탕하여 끓이면 좋다.

족편

족을 깨끗이 씻어 무르게 고되 물을 맞춰 부어 그 물이 졸아들게 곤다. 뼈를 추려내고 덜 풀어진 것 있으면 다져서 넣고 간장, 기름, 생강을 다저 쟁반에 푼 후 후춧가루와 잣가루는 위에 뿌려 어리게 한다.

저편

돼지고기를 반쯤 익혀 반 정도 나른하게 두드린다. 천초가루, 마늘, 파, 생강 넣고 녹말 넣어 두드린다. 기름과 간장을 맞춰 넣어 뭉쳐서 어레미에 놓아 쪄서 식힌 후 썬다. 초간장을 찍어 먹는다.

---

30 념간 : 음력 8월 스무날께, 스무날의 전후

31 소금적 : 녹지 않은 소금 덩어리

32 모춤 : 모참, 어느 한도보다 적게

18. 저육장방

뎌육냥방

싱뎌육을 모나게 ᄲᅡ흐라 기름 죠곰 숫치고 복가 젓국이 ᄭᅳᆯ히다가 두부 ᄲᅡ흐라 너허 부플게 ᄭᅳᆯ혀 먹ᄂᆞ니라

19. 게탕

게탕

게를 ᄌᆞ디쟝 노른쟝 모화 ᄃᆞᆰ의알 너코 기름쟝과 호초ᄀᆞᄅᆞ 너허 ᄃᆞᆰᄃᆞᆰ ᄀᆡ여 ᄶᅧ 싸흘고 국을 맛ᄀᆞᆺ게 ᄒᆞ여 숑이 너코 싱치 졈여 너코 쉰무오 ᄲᅡ흐라 너허 ᄭᅳᆯ히다가 게 ᄶᅵᆫ 거ᄉᆞᆯ 드리쳐 ᄭᅳᆯ혀 내ᄂᆞ니라

20. 감태조악

감ᄐᆡ조악

감ᄐᆡ를 축축게 ᄒᆞ여 ᄆᆞ이 ᄲᆡᆯ고 ᄀᆞᄅᆞ 죠곰 너허 ᄶᅵ허 구무ᄯᅥᆨ 섯거 ᄆᆞ라ᄒᆞᄃᆡ 감ᄐᆡ를 믈을 데ᄊᆞ면 부프러 됴치 아니ᄒᆞ니라

21. 더덕편

더덕편

더덕을 ᄡᆡ라 즐게 ᄶᅳ저 뫼 시로덕 반듁의 섯거 고명 박아 ᄶᅵ면 됴흐니라

22. 증편

증편

증편 모ᄅᆡ ᄒᆞ여 ᄡᅳ려 ᄒᆞ면 오ᄂᆞᆯ 나ᄌᆡ 즈음ᄒᆡ 듁을 되게 ᄲᅮ어 ᄎᆡ와 섭누록 섯거 비젓다가 이튼날 아젹의도 듁 ᄲᅮ어 누록 더 섯거 너흐며 일변 ᄯᅥᆨᄀᆞᄅᆞ ᄶᅵ코 술이 져역ᄣᆡ되야 왈학[33]되거든 ᄯᅥᆨ을 믈 ᄭᅳᆯ혀 송편 반듁만치 ᄒᆞ야 긔듀를 바타 소금 안고아 드러 처딜 만치 ᄒᆞ여 딜그ᄅᆞ시 담아 더운 ᄃᆡ 밤ᄌᆡ여 새배나 아젹이나 ᄶᅵᄃᆡ 우흘 만히 덥허야 됴코 블 ᄣᅡ히기로도 만히 가이 급히 왓삭 ᄶᅧ야 긔를 잘 ᄒᆞᄂᆞ니라

---

33 왈학 : 왈칵. 갑자기 통째로 뒤집히는 모양

저육장방

생돼지고기를 모나게 썰어 기름을 조금 치고 볶아 젓국에 끓인다. 두부 썰어 넣어 부풀게 끓여 먹는다.

게탕

게를 검은장, 노른장 모아 달걀 넣고 기름, 장, 후춧가루 넣어 닥닥 개어 쪄서 썬다. 국을 말갛게 하여 송이버섯 넣고, 꿩고기를 저며 넣고, 순무를 썰어 넣어 끓이다가 게 찐 것을 넣어 끓여 낸다.

감태주악

감태를 축축하게 하여 많이 빨고, (찹쌀)가루 조금 넣어 찧어 구멍떡을 섞어 익힌다. 그런데 감태의 물을 덜 짜면 부풀어 좋지 않다.

더덕편

더덕을 찧어 잘게 찢는다. 메시루떡 반죽에 섞어 고명을 박아 찌면 좋다.

증편

증편을 모레 하여 쓰려고 하면 오늘 낮 즈음에 죽을 되게 쑤어 식힌다. 섬누룩을 섞어 빚었다가 이튿날 아침에 죽을 쑤어 누룩을 더 섞어 넣는다. 한편 떡가루를 찧고 술이 저녁때 되어 왈칵하면 떡은 물을 끓여 송편 반죽만큼 하여 기주를 받아 소금을 넣지 않고 들어보아 처질만치 하면 질그릇에 담는다. 더운 데서 밤을 재워 새벽이나 아침이나 찌되 위를 많이 덮어야 좋고, 불 때기를 많이 해서 급히 와싹[34] 쪄야 부풀기를 잘 한다.

---

[34] 와싹(왓삭) : 단번에 거침없이 나아가거나 또는 갑자기 늘거나 줄어가는 모양. (예) 불이 세어 탕약이 와싹 줄어들었다.

23. 굴탕

굴탕

굴탕을 ᄒᆞᄂᆞᆫᄃᆡ 굴을 알 무처 젼유로 지지고 머리골 지지고 ᄒᆡ삼을 므ᄅᆞ게 고와 뼈흘 고 ᄉᆞᆯ문 뎌육 졈여 너코 ᄃᆞᆰ의알 힝긔 바닥의 어릐워 ᄲᆞ흐라 너허 ᄭᅳᆯ히면 됴흐니라

24. 잡산적

잡산적

머리골을 젼유ᄀᆞᆺ치 졈여 ᄭᅳᆯᄂᆞᆫ 물의 담거나 쟝국의나 너허 데쳐 내여 적 ᄉᆞᆯᄉᆞᆯ이 ᄒᆞ여 ᄢᅦ여 진말 잠간 ᄲᅮ려 굽ᄂᆞ니라

집신굴을 ᄭᅳᆯᄂᆞᆫ 믈의 데쳐 ᄢᅦ여 구으면 됴흐니라 파 석고 ᄀᆞᄅᆞ ᄲᅮ려 굽ᄂᆞ니라

25. 간막이탕

간막이탕

져육 아긔집을 쟝국의 ᄃᆞᆰᄒᆞ고 표고 셕이 져육 너허 ᄃᆞᆰ이 무ᄅᆞᆯ 만치 ᄭᅳᆯ히고 아긔집을 ᄲᅧ흔 거ᄉᆞᆯ 너허 잠간 ᄭᅳᆯ혀 익혀 ᄶᅢ국의 거ᄅᆞ면 마시 됴흐니라

아긔집을 ᄃᆞᆰ과 ᄀᆞᆺ치 너허 ᄭᅳᆯ히면 너모 물너 됴치 아니ᄆᆡ 나죵 너허 잠간 ᄭᅳᆯ히ᄂᆞ니라

26. 살구편

ᄉᆞᆯ고편

ᄉᆞᆯ고ᄅᆞᆯ 삐 ᄇᆞᆯ나 ᄇᆞ리고 실ᄂᆡ 담아 ᄶᅧ 건져 더운 김 난 후 체예 걸너 새옹[36]의 청밀 우무[37] ᄉᆞᆯ고 세 ᄀᆞ지ᄅᆞᆯ ᄒᆞᆫᄃᆡ 합ᄒᆞ도록 조려 다 존 후의 징반의 젼병쳐로 펴 노흐면 됴흐니라

27. 앵두편

잉도편

잉도ᄅᆞᆯ 삐지 데쳐 체의 걸너 청밀 우무 잉도 세 ᄀᆞ지ᄅᆞᆯ 새옹의 조려 다 존 후의 징반의 펴 식이ᄂᆞ니라

---

35 행기 : '놋그릇(놋쇠로 만든 그릇)'의 제주도 방언

굴탕

굴탕을 하려면 굴에 달걀을 묻혀 전유로 지지고, 머리골(도) 지진다. 해삼을 무르게 고아 썰고, 삶은 돼지고기를 저며 넣는다. 달걀을 행기[35] 바닥에 엉기게 썬다. (준비된 재료를) 넣어 끓이면 좋다.

잡산적

머릿골을 전유같이 저며 끓는 물에 담거나 장국에나 넣어 데쳐 낸다. 적 살살 꿰어 밀가루 조금 뿌려 굽는다.

짚신굴을 끓는 물에 데쳐 꿰어 구우면 좋다. 파를 섞고 가루를 뿌려 굽는다.

간막이탕

돼지 아기집을 장국에 닭, 표고버섯, 석이, 돼지고기를 넣어서 닭이 무르게 될 정도로 끓이고, 아기집을 썬 것을 넣어 잠깐 끓여 익혀 깻국에 거르면 맛이 좋다.

아기집을 닭과 같이 넣어 끓이면 너무 물러서 좋지 않으니, (아기집을) 나중에 넣어 잠깐 끓인다.

살구편

살구를 씨 발라 버리고, 시루에 담이서 찌고 건져 낸다. 더운 김이 난 후에 체에 걸러 새옹에 꿀, 우무, 살구 3가지를 한데 합해지도록 졸여서 다 졸인 후 쟁반에 전병처럼 펴 놓으면 좋다.

앵두편

앵두를 씨째로 데쳐 체에 걸러 꿀, 우무, 앵두 3가지를 새옹에 졸여 다 졸인 후에 쟁반에 펴 식힌다.

---

36 새옹 : 놋쇠로 만든 작은 솥

37 우무 : 우뭇가사리 따위를 끓여서 식혀 만든 끈끈한 물질

28. 동아정과법

동과정과법

별노 센 동과ᄅᆞᆯ 조각조각 버혀 속 아사 ᄇᆞ리고 ᄉᆞ회의 믈이 흐ᄅᆞ도록 두루 문질어 ᄯᅩ 새 ᄉᆞ회ᄅᆞᆯ 동과 조각의 두루 무쳐 소라[38]의 담고 믈을 브으되 동과의 잠기지 아니케 붓고 즌 ᄉᆞ회도 믈의 너흔 후의 동과 우흘 ᄉᆞ회 무든 스게로 덥혀 둣다가 동과가 세여지거든 조각 ᄉᆞ면 싹가 ᄇᆞ리고 동과 솟출 보아 믈ᄒᆞ고 쳥밀을 새옹의 부어 ᄭᅳᆯ힌 후의 동과ᄅᆞᆯ 너허 ᄭᅳᆯ히ᄃᆡ 빗치 븕게 ᄒᆞ랴면 몬져 부엇던 쳥밀은 ᄯᆞᆯ오고 새로 쳥밀을 브어 조리ᄂᆞ니라

29. (살구)쪽정과

쏙이정과

살고 ᄯᅩ기ᄅᆞᆯ ᄌᆞ의 아니 든 거시여든 갈나 ᄡᅵ만 ᄂᆡ고 ᄌᆞ의 든 거시여든 ᄌᆞ의 센 거ᄉᆞᆯ 글거 ᄇᆞ리고 잠간 데쳐 내여 믈 ᄢᅴ우우고 쳥밀 잠간 ᄭᅳᆯ혀 거품 일거든 거더 ᄇᆞ리고 ᄯᅩ기ᄅᆞᆯ ᄭᅮᆯ의 젓쳐 ᄂᆞ라니 노하 ᄭᅳᆯ히면 ᄯᅩ기 파라ᄒᆞ여 닉거든 ᄯᅩ 되혀 노하 ᄒᆞᆫ소금 ᄭᅳᆯ혀 건지ᄃᆡ 블이 ᄲᆞ면 ᄭᅮᆯ이 수이 줄고 단ᄂᆡ 나 죠치 아니ᄒᆞ니 블을 ᄢᅵ오지 말고 ᄒᆞ라

30. 전동아정과

전동과정과

젼동과ᄅᆞᆯ 너모 어린 것도 말고 너모 센 것도 말고 젼ᄒᆞ기 쉴 만ᄒᆞ거든 ᄉᆞᆯ 겁딜 프른 ᄃᆡ 업시 죄 벗겨 약과마곰 ᄲᅡ흐라 속 아ᄉᆞ ᄇᆞ리고 ᄂᆡᆼ슈의 ᄉᆞ회ᄅᆞᆯ 이득이 프러 동과ᄅᆞᆯ ᄃᆞᆷ가 노코 조곰 져어 ᄀᆞᄅᆞᆯᄅᆞᆯ 먹이면 이틀만 머겨 비치 노라커든 사흘 되는 아ᄎᆞᆷ의 ᄎᆞᆫ믈의 죄죄 ᄢᅵ서 ᄇᆞ리고 ᄒᆞᄅᆞ 우려 ᄭᅮᆯ을 타 숫블의 ᄒᆞᆫ소금 ᄭᅳᆯ혀 그 믈 우러나거든 그 믈 ᄇᆞ리고 ᄯᅩ다시 국을 이득이 ᄒᆞ여 ᄭᅮᆯ을 퍽 타 블을 ᄡᅳ게 ᄒᆞ고 ᄒᆞᆫ 번의 만히 ᄐᆞ도 됴치 아니코 블이 너모 ᄲᅡ도 됴치 아니ᄒᆞ니 국을 아예 이득이 ᄒᆞ여 나죵ᄭᆞ지 조리면 됴코 아예 국을 젹게 ᄒᆞ여 ᄯᅩ 새 국을 부어 조리면 빗치 나지 아니코 무ᄅᆞ기 쉽ᄂᆞ니라

---

38 소라 : 소래, 소래기, 운두가 조금 높고 굽이 없는 접시 모양으로 생긴 넓은 질그릇
39 사회(沙灰) : 굴 껍데기를 불에 태워 만든 가루

동과정과법

특별히 센 동아를 조각조각 베어 속을 빼버리고 사회[39]로 물이 흐르도록 두루 문지른다. 또 새 사회를 동아 조각에 두루 묻혀 소래기에 담고 물을 붓되, 동아가 잠기지 않게 붓고 질척한 사회도 물에 (같이) 넣은 후에 동아 위를 사회 묻은 덮개로 덮어 두었다가 동아가 단단해지거든 조각의 네 귀퉁이를 깎아 버린다.
동아를 (넣을) 솥의 (크기를) 보아 물과 꿀을 새옹에 부어 끓인 후에 동아를 넣고 끓인다. 빛깔을 붉게 하려면 먼저 부었던 꿀은 따라내고 새로 꿀을 부어 졸인다.

쪽정과

살구 쪽을 심이 안 든 것이면 갈라서 씨만 내고, 심이 든 것이면 심이 센 것을 긁어 버린다. 잠깐 데쳐 내어 물을 빼고 꿀을 잠깐 끓여 거품이 일거든 걷어 버리고, 살구 쪽을 꿀에 적셔 나란히 놓아 끓인다. 살구 쪽이 나른하게 익으면 또 뒤집어 놓아 한소끔 끓여서 건진다. 불이 세면 꿀이 쉽게 졸고 단내가 나서 좋지 않으니 불을 세게 하지 않는다.

전동과정과

전동아를 너무 어린 것도 말고 너무 센 것도 말고 전[40] 할 정도로 (선택하고), 쇠거던 살의 껍질을 푸른 데 없이 죄다 벗긴다. 약과만큼 썰어 속을 긁어 버린다. 냉수에 사회를 가득 풀어 동아를 담가 놓고 조금 저어 가루를 먹인다. 이틀만 먹여 빛이 노랗거든 3일째 되는 아침에 찬물에 모두 씻어 버린다. 하루 동안 우려 꿀을 타서 숯불에 한소끔 끓여 그 물이 우러나거든 그 물을 버린다. 또다시 국물을 가득 붓고 꿀을 많이 타서 불을 약하게 한다. 한 번에 (꿀을) 많이 타도 좋지 않고, 불이 너무 세도 좋지 않으니, 국물을 아예 가득히 하여 나중까지 졸이면 좋다. 아예 국물을 적게 하여 또 새 국을 부어 졸이면 빛이 나지 않고 물러지기 쉽다.

---

40 전(煎) : 한약에 물을 넣고 달이는 일이나 오래 달인 탕약을 전이라 한다. 본문에서는 오래 졸일 만큼 센 정과를 이른다.

31. 고추장

고초장 이 법이 나으니라

며조ᄀᆞᄅᆞ ᄒᆞᆫ 말 콩ᄀᆞᄅᆞ 두 되 고초ᄀᆞᄅᆞ 칠 홉 쌔 닷 홉 호초ᄀᆞᄅᆞ ᄒᆞᆫ 술 ᄡᆞᆯ 서 홉 ᄎᆞᆯᄡᆞᆯ ᄀᆞᄅᆞ 칠 홉 ᄒᆞ면 조ᄒᆞ니라

32. 도라지초법

도랏초법

ᄂᆞᆯ도라ᄉᆞᆯ 겁딜 벗겨 믈뇌여 큰 항의 ᄒᆞ랴 ᄒᆞ면 도라ᄉᆞᆯ 만히 ᄒᆞ고 쟈근 그ᄅᆞ시 ᄒᆞ면 ᄒᆞᆫ 줌만 너코 누록 서너 조각 노라케 구어 여코 대초 한 줌 너코 술을 ᄀᆞ득 부어 삼칠일을 듯다가 보면 초히 되여 마시 만나고 더러옴 아니 ᄐᆞ고 됴ᄒᆞ니라

33. 닭탕법

ᄃᆞᆰ탕법

됴흔 암ᄃᆞᆰ ᄒᆞᆫ 마리 믈 두 냥푼 부어 ᄒᆞᆫ 냥푼 ᄆᆞ이 못하게 고은 후의 겨란 일곱 기ᄅᆞᆷ ᄒᆞᆫ 죵ᄌᆞ 지령 ᄒᆞᆫ 죵ᄌᆞ 파 푸란 닙 므조리고 잠간 쓸혀 내ᄂᆞ니라

34. 고추장법

고초쟝법

며조 ᄒᆞᆫ 말 기ᄅᆞᆷ 두 되 호초ᄀᆞᄅᆞ 닷 홉 쳔초 ᄒᆞᆫ 홉 포육ᄀᆞᄅᆞ 고초ᄀᆞᄅᆞ 짐쟉으로 너허 지령믈 반듁ᄒᆞ여 ᄃᆞᆷᄂᆞ니라

35. 북경시시탕

븍경시시탕

싱뎌육을 밍물의 ᄉᆞᆯ마 건지ᄂᆞᆫ 건져 ᄂᆡ고 그 믈의 약념ᄒᆞ고 소금 타 미탕으로 먹으니 마시 됴코 아람다와 흰밥을 마라 머그면 더 됴타 ᄒᆞ더라

---

41 더러움을 아니 타고 좋다 : 이물질이 끼지 않고 좋다

고추장 이 방법이 낫다.

메주가루 1말, 콩가루 2되, 고춧가루 7홉, 깨 5홉, 후춧가루 1술, 꿀 3홉, 찹쌀가루 7홉으로 만들면 좋다.

도라지초법

생도라지를 껍질을 벗겨 말린다. 큰 항아리에 하려면 도라지를 많이 넣는다. 작은 그릇에 하면 (도라지를) 1줌만 넣고, 누룩은 3~4조각을 노랗게 구워 넣는다. 대추도 1줌 넣고 술을 가득 부어 21일을 두었다가 보면, 식초가 되어서 맛이 있고 더러움을 아니 타고 좋다.[41]

닭탕법

좋은 암탉 1마리에 물 2양푼을 부어 1양푼이 많이 못 되게 곤다. 그 후에 달걀 7개, 기름 1종지, 간장 1종지, 파 푸른 잎을 잘라서 잠깐 끓여낸다.

고추장법

메주 1말, 기름 2되, 후춧가루 5홉, 천초 1홉, 포육 가루, 고춧가루를 짐작하여 넣어 간장물로 반죽하여 담는다.

북경시시탕

생돼지고기를 맹물에 삶아 건더기는 건져낸다. 그 물에 양념하고 소금을 타 미탕[42]으로 먹으니 맛이 좋고 아름답다. 흰밥을 말아 먹으면 더 좋다고 한다.

---

42 미탕(薇湯) : 맑은 국

36. 북경분탕

북경분탕

장국을 ᄊᆞᆯ히고 슈면을 ᄆᆞᄃᆡ 뎌육을 슈면을 ᄀᆞᆺ치 뻐흐러 너코 온 ᄃᆞᆰ의알 ᄡᅢ지우고 쳔초 마늘 파 약염ᄒᆞ여 먹으면 그 마시 ᄀᆞ장 됴터라

37. 산갓김치

산ᄀᆞᆺ김치

산가ᄉᆞᆯ 삐서 블회재 항의 너코 물을 데여 손 너허 데지 아닐 만치 ᄒᆞ여 붓고 ᄎᆞᆫ 닝슈를 손의 쥐여 ᄲᅮ려 더온 방의 무덧다가 닉거든 ᄡᅳᄂᆞ니라

38-1. 감사과

감사과

ᄡᆞᆯ을 옥ᄀᆞᆺ치 ᄡᅳᆯ허 사흘을 ᄃᆞᆷ가 ᄶᅵ허 반듁을 ᄒᆡ셔 흰 셜기 반듁됴곤 ᄆᆞ이 축축이 ᄒᆞ여 빗치 노랏토록 ᄡᅧ ᄆᆡ이 ᄀᆡ여 ᄀᆞᆺ 너허신 젹은 ᄌᆞ로 뒤집어 속의 잠간 추거 잇게 ᄆᆞᆯ뇌여 ᄆᆞ른 후의 ᄇᆞ아지지 아닐 만치 거더야 됴치 너모 추거 이셔도 지은 후 속이 궁글고 딜긔여 됴치 아니니 ᄇᆞᄃᆡ ᄆᆞᆯ뇌오기를 알마초 ᄒᆞ여야 됴코 술의 추겨 지지고 ᄡᆞᆯ은 길 제 너흐ᄃᆡ 마시 들큰ᄒᆞᆯ 마치 너허야 됴ᄒᆞ니라

38-2. 빙사과

빙사과

빙사과ᄂᆞᆫ 반듁을 되게 ᄒᆞ고

38-3. 강정

강졍은 눅으시 ᄒᆞᄂᆞ니라

ᄎᆞᆯᄡᆞᆯ을 됴흔 ᄎᆞᆯ벼를 볏ᄒᆡ ᄆᆞᆯ뇌온 거ᄉᆞᆯ ᄡᅳᄂᆞ니라

방의 ᄆᆞᆯ뇌온 거ᄉᆞᆫ 못 ᄡᅳᄂᆞ니라

---

43 갓 : 이제 막, 금세, 금방, 처음

북경분탕

장국을 끓이고 수면을 (장국에) 말되, 돼지고기를 수면과 같이 썰어서 넣는다. 온 달걀을 깨서 넣고, 천초, 마늘, 파로 양념하여 먹으면 그 맛이 가장 좋다.

산갓김치

산갓을 씻어서 뿌리째 항아리에 넣는다. 물은 손을 넣어 데지 않을 정도로 데워 (항아리에) 붓는다. 찬 냉수를 손에 쥐어 뿌려서 더운 방에 묻었다가 익으면 쓴다.

감사과

쌀을 옥같이 (깨끗하게) 씻어 사흘을 담가 둔다. (불린 쌀을) 찧어서 흰 설기 반죽보다 많이 축축하게 반죽을 한다. 빛깔이 노랗게 되도록 쪄 많이 갠다. 갓[43] 널 때에는 자주 뒤집어 속이 조금 축이어 있도록 말려서, 마른 후에 부서지지 않을 만큼 걷어야 좋다. 너무 물기가 많아도 (감사과를) 만든 후 속이 비고 질겨서 좋지 않으니, 부디 말리기를 알맞게 하여야 좋다. 술에 축여 지지고 꿀은 갤 때 넣되 맛이 달큰할 만큼 넣어야 좋다.

빙사과

빙사과는 반죽을 되게 한다.[44]

강정은 (반죽을) 눅듯이 한다.

찹쌀은 좋은 찰벼를 햇볕에 말린 것을 쓴다.
방에서 말린 것은 못 쓴다.

---

44 빙사과 만드는 법은 책을 참고한다.

38-4. 요화대

뇨화대

뇨화대 반듁은 눌믈노 전슈져비 반듁만치 ᄒᆞ여 티면 믈흔믈흔ᄒᆞ거든 기ᄎᆞ로[45] 기름 스쳐 힝ᄌᆞ 덥허 사가 느러나거든 감아 지지되 데삭으면 써러지고 디내 삭아도 여리니라

38-5. 타래과

ᄐᆞᄅᆡ과

ᄐᆞᄅᆡ과ᄂᆞᆫ 꿀믈의 반듁ᄒᆞ여 빠흐라 뎝어 고이 버려 노화 므ᄅᆞ거든 지지면 됴흐니라

39. 동아정과

동과졍과

ᄆᆞ이ᄆᆞ이 센 동과를 약과ᄀᆞᆺ치 빠흐라 ᄉᆞᄒᆡ에 고ᄅᆞ고ᄅᆞ 썩고믈ᄀᆞᆺ치 무쳐 넝슈의 ᄃᆞᆷ으고 그 ᄉᆞᄒᆡ 무치고 다 못 무친 거ᄉᆞᆯ 그 믈의 타 동과가 ᄃᆞᆷ길 만치 ᄃᆞᆷ으고 ᄌᆞ로 뒤져셔 사나흘 디나거든 내여 보면 실 ᄀᆞᆺ튼 거시 다 삭앗거든 넝슈의 우려 ᄉᆞᄒᆡ 무든 몸을 다 고쳐 싹가 밀슈의 퉁노고의 블을 집픠워 두고 조ᄂᆞᆫ 즉즉 꿀믈을 타 부어 조리면 졈졈 븕어 가거든 졈졈 꿀을 이득이 타셔 이틀이나 달혀 빗치 븕거든 두면 됴흐니라

또 센 동과를 치쳐로 납ᄌᆞᆨ 빠흐라 ᄉᆞᄒᆡ 믈의 ᄒᆞᄅᆞ만 담가다가 해워 ᄇᆞ리고 지어도 뻑뻑ᄒᆞ여도 됴흐니라

40-1. 연약과

연약과

일 두 반듁의 □□□□□□□□□□□□ 쳥 이 승 모츰[48] □□ 즙쳥 이 승 □□□ □□□□□□□□□ 진유 칠 홉 □□ 지지ᄂᆞᆫ ᄃᆡ 진유 이 승 □□□□□□□□

40-2. 중박계

듕박기

듕박기 일 두 쳥 이 승 진유 두 되면 지지ᄃᆡ ᄒᆞᆫ 죵ᄌᆞ 조ᄂᆞ니라

---

45 기ᄎᆞ로 : 次, 다음으로

46 여리다 : 여려서 감기 어렵다.

요화대

요화대 반죽은 날물로 전수제비 반죽만큼 하여 (반죽을) 치면 말랑말랑하거든 다음에 기름을 뿌려 행주로 덮는다. (반죽의) 실이 늘어나거든 감아서 지지되 덜 삭으면 떨어지고(부러지고), 지나치게 삭아도 여리다[46].

타래과

타래과는 꿀물에 반죽하여 썰어서 접어 곱게 벌려 놓아 마르거든 지지는 것이 좋다.

동과정과

매우매우 센 동아를 약과같이 썰어, 사회에 고루고루 떡고물같이 묻힌다. (그것을) 냉수에 담고 사회를 묻히고 다 못 묻힌 것을 그 물에 타서 동아가 잠길 만큼 담근다. (동아를) 자주 뒤집어 3~4일 지나서 내어 보면 실 같은 것이 다 삭았거든 냉수에 우린다. 사회가 묻은 동아를 다 다시 깎아 통노구에 꿀물을 부어 불을 지펴 두고 졸여지는 대로 꿀물을 타 부어 조린다. 점점 붉어지면 꿀을 넉넉히 타서 이틀 정도 달여 빛이 붉어질 때까지 두면 좋다.

또 센 동과를 채처럼 납작하게 썰어, 사회를 탄 물에 하루만 담갔다가 헹궈버리고 만들어도 서벅서벅[47]하여도 좋다.

연약과

1말 반죽에 □□□□□□□□□□□□□ 꿀 2되 조금 남게 □□즙청 2되, □□□□□□□□□□□□□ 참기름 7홉, □□지지는 데 참기름 2되 □□□□□□□□□

중박계

중박계 1말, 꿀 2되, 참기름 2되면 지지되 1종지로 졸아 들게 한다.

---

47 서벅서벅 : 가볍게 부스러질 만큼 무르고 부드러운 모양

48 모춤 : 모참, 먼저의 전라남도 방언, 조금 남게

41-1. 대약과

대약과

ᄀᆞᄅᆞ 닷 말의 □□□□□□□□□□□□ ᄢᅮᆯ ᄒᆞᆫ 말 흑탕[49] 닷 되 기름 말ᄀᆞ웃 □□□ □□□□□□

41-2. 요화

뇨화

뇨화 ᄀᆞᄅᆞ ᄒᆞᆫ 말 강반[50] 닐곱 되 엿 ᄒᆞᆫ 냥의치 ᄢᅮᆯ 두 되 기름 닐곱 되

42. 연약과 수원법

연약과 슈원법

진ᄀᆞᄅᆞ ᄀᆞ늘게 뇌여[51] ᄒᆞᆫ 말 반듁의 ᄢᅮᆯ ᄒᆞᆫ 되 두 홉 진유 팔 홉을 너허 합ᄒᆞ면 반듁이 심히 되이 겨오 아올나 밀기도 ᄃᆞᆫᄃᆞᆫ이 말고 서벅서벅게[52] ᄒᆞ여 ᄒᆞ여 지지ᄃᆡ 블을 너 ᄡᅡ게도[53] 말고 너모 쓰게도[54] 말고 마초아 지져 내여 즙청을 먹힌 후 몸이 식거든 반의 펴 노코 손의 즙청을 무쳐 과줄의 ᄇᆞ라고 호초ᄀᆞᄅᆞ 계피와 잣ᄀᆞᆯ늘 씨우ᄂᆞ니라 잘 되며 못 되기 반듁과 지지기의 잇ᄂᆞ니라 ᄒᆞᆫ 말 소입[55]이 ᄢᅮᆯ 넉 되 기름 넉 되 드ᄂᆞ니라

43. 청어소탕

청어소탕

ᄆᆞ이 크고 셩ᄒᆞᆫ 청어ᄅᆞᆯ 토막을 이삼의 ᄌᆞᆯ나 알과 이ᄅᆡᄅᆞᆯ 내여 소ᄅᆞᆯ 민ᄃᆞᄃᆡ 알이 너모 만흐면 샤각샤각ᄒᆞ여 됴치 아니ᄒᆞ니 알은 젹게 ᄒᆞ고 이ᄅᆡᄅᆞᆯ 만히 ᄒᆞ여 져육과 고기와 약염 기름장 섯거 도로 알 비엿던 ᄃᆡ 그 소ᄅᆞᆯ 메오고 ᄀᆞᄅᆞ 무쳐 계란의 지져 장국을 마초ᄒᆞ여 ᄭᅳᆯ히고 약간 ᄀᆞᄅᆞ 긔운 국의 프러 ᄒᆞ여 내면 ᄀᆞ장 됴흐니라

---

49 흑당 : 조청

50 강반 : 산자밥풀(찹쌀을 쪄서 말린 것을 보자기에 싸서 끓는 기름에 넣어 부풀린 밥풀)의 평안북도 방언

51 내어 : 고운체에 쳐서

52 서벅서벅하게 : 반죽을 살짝만 하여 밀가루와 기름이 겨우 뭉친 상태, 반죽을 많이 치대러 끈기가 나지 않게 한 상태

53 싸다 : 불기운이 세다.

54 뜨다 : 불기운이 약하다.

55 소입(所入) : 어떤 일에 돈이나 재물이 쓰임. 또는 그 돈이나 재물

대약과

가루 5말에 □□□□□□□□□□□□□ 꿀 1말, 흑당[49] 5되, 기름 1말 갸웃 □□□□□□□□□□

요화

요화 가루 1말, 강반[50] 7되, 엿 1냥 어치, 꿀 2되, 기름 7되

연약과 수원법

밀가루를 가늘게 내어[51] (밀가루) 1말 반죽에 꿀 1되 2홉, 참기름 8홉을 넣어 합한다. 반죽이 너무 되어서 겨우 아울러 밀기도 단단히 하지 말고 서벅서벅하게[52] 한다. 지지는데 불을 너무 싸게도[53] 말고 너무 뜨게도[54] 말고 맞추어 한다. 지져내어 즙청을 먹인다. (약과) 몸이 식거든 반에 펴 놓고 손에 즙청을 묻혀 과즐에 바르고 후춧가루와 계피와 잣가루를 뿌린다. 잘 되고 못 되기는 반죽과 지지기에 있다. 1말 소입[55]이 꿀 4되, 기름 4되가 든다.

청어소탕

매우 크고 좋은 청어를 2~3토막으로 잘라 (청어)알과 이리[56]를 내어 소를 만든다. 알이 너무 많으면 사삭사각하여 좋지 않으니 알은 적게 하고, 이리를 많이 한다. 돼지고기나 (소)고기를 양념, 기름장 섞어 다시 알 배였던 데 그 소를 매우고 (밀)가루를 묻히고 달걀에 지진다. 장국을 맞추어[57] 끓이고, 약간 가루 기운[58] 국에 풀어서 내면 가장 좋다.

---

56 이리 : 고니, 물고기 수컷의 뱃속에 있는 흰 정액. 어백(魚白)
57 맞추어 : 국의 간과 국물의 양을 맞게
58 약간 가루 기운 : 가루를 조금

44. 양소편

양쇼편

양을 ᄭᅳᆯᄂᆞᆫ 믈의 실ᄒᆞ여 죠흔 암ᄃᆰ과 젼복 ᄒᆡᄉᆞᆷ ᄆᆡ오 블워 그 양 빠고 바ᄂᆞᆯ노 감쳐 ᄆᆡᆼ 믈의 무ᄅᆞ녹도록 고아 무ᄅᆞ거든 그 믈의 지령 ᄉᆞᆷᄉᆞᆷ이 타 ᄆᆡ이 ᄭᅳᆯ혀 내여 졈여 초 쳐 ᄡᅳ고 제 국의 ᄀᆞᄅᆞ 타 호초ᄀᆞᄅᆞ ᄲᅵ워 ᄡᅥ도 조흐니라

45. 진주탕

진쥬탕

ᄃᆞᆰ이나 ᄉᆡᆼ치나 기ᄅᆞᆷ진 고기ᄅᆞᆯ ᄀᆞᆺ 낫마콤 빠흐라 모밀ᄀᆞᄅᆞ 무쳐 간장국의 닉게 ᄉᆞᆯ마 셕이 ᄉᆡᆼ강 표고 너허 ᄡᅳ라

46. 낙지회

낙지회

ᄉᆡᆼᄒᆞᆫ 낙지ᄅᆞᆯ ᄭᅳᆯᄂᆞᆫ 믈의 데쳐 내면 발이 ᄶᅥ러지고 겁딜이 다 버겨지거든 강회 마회마 콤 빠흐라 지령의 ᄉᆡᆼ강 마ᄂᆞᆯ 파 너허 ᄡᅳᄂᆞ니라 실ᄀᆞᆺ치 ᄡᅳ저 ᄡᅥ도 됴ᄒᆞ니라

47. 서김방문

서김 방문

녀ᄅᆞᆷ의 ᄒᆞ려 ᄒᆞ면 ᄲᆞᆯ을 희게 ᄲᆞ허 일 건져 믈 ᄲᅱ워 항의 녀허 ᄭᅳᆯᄂᆞᆫ 믈을 항의 부어 흔드러 ᄊᆞ라 ᄇᆞ리고 방의 덥퍼 노화다가 이튼날 아젹의 내여 흰죽을 되게 ᄡᅮ어 방고리의 펴 무궁이 ᄀᆡ여 사ᄂᆞᆯᄒᆞ거든 누록을 브으쳐 ᄒᆞᆫ 되면 ᄒᆞᆫ 줌만 녀코 서김 죠곰 녀허 합ᄒᆞ여 그 방고리의 담아 방 온긔 잇ᄂᆞᆫ ᄃᆡ 두면 안날이라 석김니 되여 증편 상화의 ᄡᅳ지 아니코 죠흐니라

---

59 실하여 : 양의 검은 막 껍질을 벗겨내고

60 성한 : 싱싱한

61 강회, 파회만큼 썬다. : 길이 4cm 정도로 썬다.

양소편

양을 끓는 물에 실하여[59] 좋은 암탉과 전복, 해삼을 매우 불려 그 양 싸고 바늘로 감쳐 맹물에 무르녹도록 곤다. 무르거든 그 물에 간장 삼삼이 타고, 매우 끓여 내어 저민다. (식)초를 쳐서 쓰고 제 국에 가루(밀가루)를 타 후춧가루 뿌려 써도 좋다.

진주탕

닭이나 꿩고기나 기름진 고기를 팥알만큼 썬다. 메밀가루에 묻혀 간장국에 익게 삶아 석이, 생강, 표고버섯도 넣고 쓴다.

낙지회

성한[60] 낙지를 끓는 물에 데쳐내면 발이 떨어지고, 껍질이 다 벗겨지거든 강회 파회만큼 썬다[61]. 간장에 생강, 마늘, 파 넣어 쓴다. 실같이 찢어 써도 좋다.

서김[62]방문

여름에 하려 하면 쌀을 희게 쓿어 일어 건져 물가를 뺀다. 항아리에 넣어 끓는 물을 항아리에 부어 흔들어 딸아버리고 방에 덮어 놓는다. 이튿날 아침에 내어 흰죽을 되게 쑨다. 죽을 방고리[63]에 퍼 무궁이[64] 개어[65] 싸늘해지면 누룩을 부어 쳐 1되면 1줌만 넣고 서김 조금 넣어 합한다. 그 빙고리에 담아 방 따뜻한 곳에 둔다. 안날[66]에 서김이 되어 증편과 상화에 (사용하면) 시지 않고 좋다.

---

62 서김 : 발효시키는 씨가 되는 것. 발효종, 누룩에 있는 소량의 미생물을 증식시켜 본술을 빚을 때 안정된 발효를 유도하는 전통식 배양 이스트(yeast)

63 방고리 : '방구리(주로 물을 긷거나 술을 담는 데 쓰는 질그릇)'의 잘못. 모양이 동이와 비슷하나 좀 작다.

64 무궁이 : 공간이나 시간 따위가 끝이 없이

65 개다 : 가루나 덩이진 것에 물이나 기름 따위를 쳐서 서로 섞이거나 풀어지도록 으깨거나 이기다.

66 안날 : 바로 전날 또는 그 다음날(경상도 방언)의 의미. 본문에서는 다음날로 해석된다.

48. 전동아[67]정과법

뎐동화 졍과법

뎐동화ᄅᆞᆯ ᄑᆞ른 빗 업시 벗겨 ᄇᆞ리고 속을 죄 앗고 ᄉᆞᆯ흘 반닷반닷 버혀 ᄉᆞ히을 믈근 무리[68] 만티 프러 동화ᄅᆞᆯ 담가 죠곰 져어 두엇다가 이튼날 ᄃᆞ무던 째예 내예 ᄒᆞᄅᆞ 우려 아니ᄂᆞᆫ 쓸ᄂᆞᆫ 믈을 ᄆᆡ이 ᄃᆞᆯ게 ᄒᆞ여 동화 담길 만치 널이 안쳐 처음은 블을 싸혀 서너 소금 쓸힌 후 숫블의 디으되 그 후ᄂᆞᆫ ᄭᅮᆯ을 그 몸의 작작 연ᄒᆞ여 쳐 가며 믈이 조도록 디으되[69] ᄭᅮᆯ이 거품이 엉긔ᄂᆞᆫ 죡죡 업시 ᄒᆞ여 가며 디되 국이 이실 제 ᄭᅮᆯ을 년ᄒᆞ여 치되 국 존 후ᄂᆞᆫ 빗치 브희여 됴치 못ᄒᆞ고 국이 너모 업ᄉᆞ면 븟븟ᄒᆞ여 됴치 아니ᄒᆞ니 국이 더러 잇게 ᄒᆞ라

빗치 블고 뎐동화가 연ᄒᆞ고 십피ᄂᆞᆫ 거시 업고 마시 긔특ᄒᆞ니라

싱강도 ᄒᆞᆫᄃᆡ 녀허 지으면 됴흐니라

49. 잣죽 쑤는 법

잣쥭 ᄡᅮᄂᆞᆫ 법

실잣 ᄒᆞᆫ 되면 ᄇᆡᆨ미 ᄒᆞᆫ 되 ᄃᆞᆷ가다가 붓거든 잣 ᄒᆞᆫ 되ᄅᆞᆯ 갈아 수ᄂᆞ니라

50. 대추죽 쑤는 법

대초쥭 ᄡᅮᄂᆞᆫ 법

대초 서 되 팟 서 되 ᄒᆞᆫᄃᆡ 고와 걸너 식 녀허 달혀 스ᄂᆞ니라

51. 양찜 하는 법

양찜 ᄒᆞᄂᆞᆫ 법

양 ᄒᆞᆫ 보ᄅᆞᆯ 튀ᄒᆞ여 ᄃᆞᆰ ᄒᆞ나흘 조히 ᄲᅵ서 안집[73] ᄂᆡ고 그 속의 지령 닷 곱[74] 기름 서 홉 호초ᄀᆞ로 진ᄀᆞᄅᆞ 죠곰식 녀혀 가죽을 실노 ᄒᆞ고 양의 ᄲᅡ셔 마ᄌᆞᆫ 항의 너코 ᄇᆡᄎᆞ 쉰무오 쳐여 거ᄉᆞᆯ 틈을 메오고 헝것ᄎᆞ로 여러 번 구디 ᄲᅡᄆᆡ여 큰 솟 안의 녀코 딜그랏 덥고 ᄀᆞ의 틈 업시 흙 ᄇᆞᆯ나 쇠머리 고오ᄃᆞᆺ ᄒᆞ면 ᄃᆞᆰ이 ᄢᅧ 디녹ᄂᆞᆫ ᄃᆞᆺ ᄒᆞ고 양 마시 더욱 만나니라

믈이 쓸혀 나거든 ᄀᆞ장 씌워 뭉그시 ᄒᆞ여야 무ᄅᆞ고 됴흐니라

---

67 전동아 : 완전히 익은 후 수확한 동아. 《규합총서》에서는 전(煎)동아는 익힌 것, 선동아는 익지 않은 것으로 구분하였다.

68 무리 : 물에 불린 쌀을 물과 함께 맷돌에 간 후 체에 밭쳐 가라앉힌 앙금. 수미분(水米粉)·수분(水粉)·쌀무리. 무리풀(무릿가루로 쑨 풀. 종이 빛을 희게 하려고 배접할 때 쓴다.)

69 디으되 : 디다, 고다의 평안북도 방언

70 붓붓하여 : 투명하지 않고 흐려 윤이 나지 않는다.

전동아 정과법

전동아를 푸른빛 없이 벗겨 버리고 속을 모두 없애고 살을 반듯반듯하게 썬다. 사회를 묽은 무리만큼 풀어 동아를 담가 조금 저어 두었다가 이튿날 담던 때에 (꺼)낸다. 하루를 우려 아니난 끓는 물로 매우 달게 하여 동아를 잠길 만큼 널어 안친다. 처음은 불을 떼어 서너 소끔 끓인 후 숯불에 고으되 그 후는 꿀을 그 몸에 작작 연하여 쳐 가며 물이 졸도록 땐다. 꿀이 거품이 엉기는 족족 없이 하여 가며 고으되 국(물)이 있을 때 꿀을 연하여 친다. 꿀물이 졸은 후는 빛이 뿌옇게 좋지 못하고 국(물)이 너무 없으면 붓붓하여[70] 좋지 아니하니 국(물)이 더러 있게 한다.

빛이 붉고 전동아가 연하고 씹힐 것이 없고 맛이 좋다.

생강도 함께 넣어 만들면 좋다.

잣죽 쑤는 법

실잣[71] 1되면 백미 1되를 담갔다가 불거든 잣 1되를 갈아 쑨다.

대추죽 쑤는 법

대추 3되, 팥 3되 함께 고와 걸러 심[72]을 넣어 달여 쓴다.

양찜 하는 법

양 1보[75]를 튀하여[76] 닭 하나를 깨끗이 씻어서 내장을 꺼내고 그 속에 간장 5홉, 기름 3홉, 후춧가루, 밀가루를 조금씩 넣어 가죽을 실로 호고[77], 양에 싸서 맞는 항아리에 넣는다. 배추, 순무를 채워 곁을 틈을 메우고 헝겊으로 여러 번 단단히 싸매어 큰 솥 안에 넣고 질그릇 덮고 가를 틈 없이 흙으로 발라 소머리 고듯 하면 하면 닭의 뼈 다 녹는 듯하고 양 맛이 더욱 맛있다.

물이 많이 끓으면 아주 약한 불로 뭉근히 하여야 무르고 좋다.

---

71 실잣 : 껍질을 벗긴 잣

72 심(心) : 죽에 곡식 가루를 잘게 뭉치어 넣은 덩이. 팥죽의 새알심 따위를 이른다.

73 안집 : 소나 돼지의 내장으로 본문에서는 닭의 내장을 말한다.

74 곱 : 홉의 오기

75 보 : 웅담이나 저담 따위를 세는 단위

76 튀하다 : 새나 짐승을 잡아 뜨거운 물에 잠깐 넣었다가 꺼내어 털을 뽑다.

77 호다 : 헝겊을 겹쳐 바늘땀을 성기게 꿰매다.

52. 생복찜

싱복ᄶᅵᆷ

싱복ᄶᅵᆷ을 가 오리고 녑흘 드ᄂᆞᆫ 칼노 소 녀흘 만치 버히고 만도소ᄅᆞᆯ 가ᄃᆞᆨ이 녀허 뵈예 ᄡᅡ ᄶᅧ 즙 언져 ᄡᅳᄂᆞ니라

53. 양만두

양만도

양만도ᄂᆞᆫ 양기ᄉᆞᆯ 엷게 졈여 만도소 밍근 거ᄉᆞᆯ 소 녀허 실노 호아 녹말 무쳐 ᄉᆞᆯ마 초지령 약염ᄒᆞ여 ᄡᅳᄂᆞ니라

54. 우족채

우족치

족을 무궁이 고아 싱치나 녀코 지령 잠간 타 ᄡᅨ 절노 믈어나거든 체예 밧타 호초 약념ᄒᆞ여 졍ᄒᆞᆫ 그ᄅᆞ시 펴 식여 ᄀᆞᄂᆞ리 ᄡᅡ흐라 초지령의 먹ᄂᆞ니라

55. 난느르미

낫느ᄅᆞ미

ᄃᆞᆰ긔알흘 만히 ᄭᆡ려 쳥쥬 죠곰 치고 지령 ᄒᆞᆯ 만치 쳐 ᄀᆡ여 그ᄅᆞ시 담아 어릐거든 마초 ᄡᅡ흐라 느ᄅᆞ미ᄀᆞᆺ치 ᄢᅰ여 즙 언져 ᄡᅳᄂᆞ니라

56. 금화탕

금화탕

ᄃᆞᆰ 두서 마리나 ᄉᆞ지ᄅᆞᆯ ᄡᅥ 둘ᄒᆡ ᄌᆞᆯ나 기ᄅᆞᆷ을 쳐 가며 지져 지령국 ᄉᆞᆷᄉᆞᆷ이 ᄒᆞ여 넉넉 붓고 토란 표고 박우거리[81] 셩이 고사리 두어 치식 ᄌᆞᄅᆞ고 동화 ᄡᅢ면 동화 겻겻치 안쳐 달히기ᄅᆞᆯ 무ᄒᆞᆫ 달히고 ᄂᆞ믈이 무ᄅᆞ고 마시 나거든 진갈 ᄀᆞᄂᆞᆯ이 뇌(여) 잠간 타고 호초 쳔초 약염ᄒᆞᄂᆞ니라

---

78 정한 : 깨끗한

생복찜

생복찜은 (생복의) 가장자리를 오리고 옆을 (잘) 드는 칼로 소 넣을 만큼 베고, 만두소를 가득히 넣어 베보에 싸 쪄내어 (베보를 풀고) 즙을 얹어 쓴다.

양만두

양만두는 양깃을 얇게 저민다. 만두소 만든 것을 소로 넣어 실로 호아 녹말 묻혀 삶는다. 초간장 양념하여 쓴다.

우족채

족을 오래 고아 꿩고기를 넣고 간장 조금 타 뼈가 저절로 빠지면 체에 밭아 후추 양념하여 정한[78] 그릇에 펴 식혀 가늘게 썰어 초간장에 먹는다.

난느르미

달걀을 많이 깨서 청주 조금 치고 간장 넣을 만큼 쳐 개어 그릇에 담아 (중탕하여) 어리거든[79] 맞춰 썬다. 느르미 같이 꿰어 즙[80]을 얹어 쓴다.

금화탕

닭 2~3마리를 사지를 뜨고 두 토막으로 자른다. 기름을 쳐가며 지져 간장국 삼삼이 하여 넉넉히 붓는다. 토란, 표고버섯, 박오가리, 석이, 고사리 두어 치씩 자르고, 동아 철이면 동아를 엿엿이 안쳐 달이기를 오랫동안 달인다. 나물이 무르고 맛이 나거든 밀가루를 곱게 쳐서 조금 타고 후추와 천초 양념을 한다.

---

79 어리다 : 어떤 현상, 기운, 추억 따위가 배어 있거나 은근히 드러나다.

80 즙 : 밀가루에 물을 넣어 걸쭉하게 끓인 것

81 박우거리 : 박오가리의 옛말

57. 천초계

쳔초계

ᄃᆞᆰ을 죄 ᄡᅵ서 ᄉᆞ지ᄅᆞᆯ 써 둘ᄒᆡ 졸나 기ᄅᆞᆷ ᄒᆞᆫ 죵ᄌᆞ만 부어 닉게 ᄉᆞᆯ마 항의 녀코 초 ᄒᆞᆫ 죵ᄌᆞ 술 ᄒᆞᆫ 죵ᄌᆞ 붓고 지령국 간간이 ᄒᆞ여 붓고 쳔초 ᄡᅵ 업시 ᄒᆞ여 녀허 항을 유지로 ᄐᆞᆫᄐᆞᆫ이 빠ᄆᆡ여 듕탕ᄒᆞ여 고오기ᄅᆞᆯ 무ᄅᆞ녹게 ᄒᆞ여 내면 됴ᄒᆞ니라

58. 그저 초계탕

그져초계탕

ᄃᆞᆰ 삼ᄂᆞᆫ ᄃᆡ 도랏 박우거리 너코 외 겨란도 빠지여 초 알마치 치면 됴ᄒᆞ니라

59. 붕어전

부어뎐

ᄒᆞᆫ 치 두 치식 ᄒᆞᆫ 부어ᄅᆞᆯ 조히 ᄡᅵ서 ᄀᆞᆫ 되오 쳐 들거든 ᄎᆞᆯᄡᆞᆯᄀᆞᆯ이나 녹말ᄀᆞᆯ이나 무쳐 기ᄅᆞᆷ의 지져 ᄆᆞ른안쥬 ᄒᆞᄂᆞ니라

60. 간 지지는 법

간 지지ᄂᆞᆫ 법

간을 엷게 졈여 ᄃᆞᆰ이나 싱치나 소ᄅᆞᆯ 약염 ᄀᆞ로 녀허 복가 어만도 빠듯 ᄒᆞ여 녹말 무쳐 지져 쓰ᄂᆞ니라

61. 오계찜

오계ᄶᅵᆷ

오계ᄅᆞᆯ 졍이 실ᄒᆞ여 그 소ᄅᆞᆯ 내고 안집을 왼이 졍이 ᄡᅵ서 속의 녀코 황육 호초 잣 파 싱강 표고 셩이 ᄒᆞᆫᄃᆡ 두ᄃᆞ려 감쟝 걸너 ᄭᅵ소금 ᄒᆞᆫᄃᆡ 걸너 버무려 제 속의 녀코 소 빠디디 아니케 호와 실ᄂᆡ 담아 ᄶᅧᄂᆡ여 속 제금 겻드려 쓰라

---

82 마른안주 : 마른안주는 손으로 집어먹는 안주이고, 건 안주는 국물이 없는 것이나 본문에서는 국물 없이 한다고 하여 마른안주로 본다.

천초계

닭을 모두 씻어 사지를 떠서 두 토막으로 잘라 기름 1종지만 부어 익게 삶아 항아리에 넣고 식초 1종지와 술 1종지를 붓고, 간장국을 간간이 하여 붓는다. 천초를 씨 없이 하여 넣고 항아리를 유지로 단단히 싸맨다. (항아리를) 중탕하여 (닭)고기를 무르녹게 고아 내면 좋다.

그저초계탕

닭 삶을 때 도라지, 박오가리 넣고 오이와 달걀도 깨뜨려 (넣고) 식초 알맞게 치면 좋다.

붕어전

1치나 2치 정도 크기의 붕어를 깨끗이 씻어 간 되게 (소금을) 쳐 (간이) 들거든 찹쌀가루나 녹말가루를 묻혀 기름에 지져 내 마른안주[82] 한다.

간 지지는 법

간을 얇게 저미고, 닭이나 꿩고기를 소로 양념 갖춰 넣어 볶아 어만두 싸듯 하여 녹말 묻혀 지져 쓴다.

오계찜

오계를 깨끗이 실하여[83] 그 속을 내고 안집을 통째로 깨끗이 씻어 속에 넣고 쇠고기, 후추, 잣, 파, 생강, 표고버섯, 석이 한데 두드려 감장[84] 걸러 깨소금 한데 걸러 버무려 제 속에 넣고 소 빠지지 않게 호아 시루에 담아 쪄 내여 속 제금[85] 곁들여 쓴다.

---

83 실하다 : 껍질을 벗기다.

84 감장 : 감장을 거른다고 표현한 것으로 보아 된장으로 추정된다. 보통 진감장은 3~5년 묵은 간장을 말하는데, 여기서는 간장을 지령으로 표현하고 있다.

85 제금 : 따로

62. 양편

양편

양을 ᄀᆞ장 희게 실ᄒᆞ여 속의 제 기ᄅᆞᆷ을 일졀 업시 ᄒᆞ고 양이 반 보만 ᄒᆞ거든 기ᄅᆞᆷ 너흡 쟝은 마ᄉᆞᆯ 보아 마초고 ᄀᆞ장 됴흔 ᄃᆞᆰ ᄒᆞ나흘 속 업시 실ᄒᆞ여 쳔초 녀허 마ᄌᆞᆫ 항의 양의 ᄃᆞᆰ을 빠 녀허 국을 부어 항의 노블을 고와 쓰라 항의 노 고오면 빗치 옥ᄀᆞᆺ치 곱고 졍ᄒᆞ니라 양 무ᄅᆞ녹아 됴커든 내여 약과마콤 빠흐라 호초 싱강 잣 두ᄃᆞ려 언저 쓰라

63. 생치만두

싱치만도

싱치ᄅᆞᆯ 싱으로 만도소ᄀᆞᆺ치 닉여 만도ᄀᆞᆺ치 ᄆᆞᆼ그라 계란 무쳐 지지다가 지령국 부어 ᄊᆞᆯ히고 파 여허 먹ᄂᆞ니라

64-1. □□계법(계탕계법)

□□계법(계탕계법)

암ᄃᆞᆰ을 튀ᄒᆞ여 ᄒᆞ나히나 둘히나 □□□□의 윈 입프로 씻고 토란 ᄇᆡᄎᆞ 줄기 젼복 히삼 실ᄒᆞ여 ᄒᆞᆫᄃᆡ 담고 기ᄅᆞᆷ 두어 술 쳐 주무ᄅᆞᆫ 후 초지령국 ᄉᆞᆷᄉᆞᆷ이 ᄒᆞ여 붓고 김 나지 아니케 막아 덥고 ᄆᆡ이 ᄊᆞᆯ힌 후 여러 보면 ᄉᆞ지 다 헤여 디고 염담[87]이 맛거든 술안쥬의 됴흐니라

64-2. 닭회

닭회

ᄃᆞᆰ을 졈여 농말 무쳐 지져 초지령 ᄒᆞ여 먹ᄂᆞ니라

65. 중박기방문

듕박기 방문

ᄀᆞᄅᆞ 닷 되ᄅᆞᆯ ᄆᆞᆫ돌녀 ᄒᆞ면 ᄊᆞᆯ ᄒᆞᆫᄃᆡ 쳐 ᄃᆞᆺ거이 빠흐러 반 촌 너븨예 길릐 ᄒᆞᆫ 치 푼식이나 빠흐라야 마ᄌᆞ니 기ᄅᆞᆷ이 ᄆᆡ ᄊᆞᆯ커든 녀허 닉을 만치 지져 건져 잡으라
기ᄅᆞᆷ ᄒᆞᆫᄃᆡ 부어 지지면 닷 곱은 줄고 남ᄂᆞ니라
반듁ᄒᆞᆯ 제 기ᄅᆞᆷ ᄒᆞᆫ 죵ᄌᆞ나 쳐 ᄒᆞ여야 몸이 반반ᄒᆞ니라

---

86 노불 : '노'는 항상, 노상의 준말이고, '노블'은 불을 끊이지 않고 계속 고아 쓴다는 뜻이다.
87 염담(鹽膽) : 간. 음식물의 짠 정도

양편

양을 매우 희게 실하여 속의 제 기름을 일절 없이 한다. 양이 반보만 하면 기름 4홉과 장은 맛을 보아 맞춘다. 가장 좋은 닭 하나를 속없이 실하여 천초 넣고 (양에 닭을 싼 후) 맞는 항아리에 넣고 국을 부어 항아리에 노불[86]을 고아 쓴다. 항아리에 넣어 고으면 빛이 옥같이 곱고 깨끗하다. 양이 무르녹아 좋으면 내어 약과만큼 썰고, 후추, 생강, 잣을 두드려 얹어 쓴다.

생치만두

꿩고기를 생으로 만두소 같이 다져 만두 같이 만들어 달걀 묻혀 지지다가 간장국 부어 끓이고 파 넣어 먹는다.

□□계법(계탕계법)

암탉을 튀하여[88] 하나하거나 둘을 하나 □□□□의 윈 잎으로 씻고 토란, 배추 줄기, 전복, 해삼을 실하여 한데 담는다. 기름 두어 술을 쳐서 주무른 후 초간장국 삼삼이 하여 붓는다. 김나지 않게 막아 덮고 매우 끓인 후 열어 보면 사지가 다 헤어지고 염담이 맞거든 술안주에 좋다.

닭회

닭을 저며 녹말 묻혀 지진다. 초간장을 하여 먹는다.

중박기 방문

(밀)가루 5되로 만들려 하면, 꿀 함께 쳐 두껍게 (밀어) 썰되 반촌[89] 너비에 길이 1치 (1)푼[90]씩 정도로 썰어야만 (반죽 양이) 맞다. 기름이 매우 끓거든 넣어 익을 만큼 지져 건져 잡는다.

기름 1되 부어 지지면 5홉은 줄고 남는다.

반죽할 때 기름 1종지 정도 넣으면 몸이 반반하다.

---

88 튀하다 : 새나 짐승을 잡아 뜨거운 물에 잠깐 넣었다가 꺼내어 털을 뽑다.
89 반촌 : 약 1.5cm. 1치=3.0303cm, 1푼 =1인치(2.54cm)의 1/10, 1촌=1자의 1/10(3.33cm, =1치)
90 1치 푼 : 1치 3.0303+1푼 0.254 = 3.2823cm

66. 약과법

약과법

진ᄀᆞᄅᆞ ᄒᆞᆫ 말을 민ᄃᆞᆯ녀 ᄒᆞ면 ᄭᅮᆯ 두 되 잠간 녹여 훌훌ᄒᆞ거든 내여 식여 더운 김 업ᄉᆞᆫ 후 기ᄅᆞᆷ 닷 곱 술 ᄒᆞᆫ 죵ᄌᆞ ᄒᆞᆫᄃᆡ 타 ᄭᅮᆯ이 다 비거든 ᄒᆞᆫᄃᆡ 모화 ᄆᆡ이 눌너 쳐 혼합이 되거든 미러 졍히 빠흐라 지져 즙쳥 칠 홉만 ᄒᆞ면 됴흐ᄃᆡ 젼ᄭᅮᆯ 말고 ᄭᅮᆯ ᄒᆞᆫ 되예 ᄭᅳᆯᄒᆞᆫ 믈 ᄒᆞᆫ 죵만식 타 ᄒᆞᆫ소금 ᄭᅳᆯ혀 과줄을 더운 김의 ᄃᆞᆷ가 내라 ᄲᅳᆯ 샹은 기ᄅᆞᆷ을 두은이 ᄒᆞ고 쳥쥬를 두은 타 만드러야 됴흐니라 닷 되 지지면 기ᄅᆞᆷ 닷 곱 들고 ᄒᆞᆫ 말 지지ᄂᆞᆫ ᄃᆡ 되가옷 드ᄂᆞ니라

67. 즙장방문

즙쟝방문

칠월 망 후의 며조를 ᄆᆡᆼ그ᄃᆡ 콩 ᄒᆞᆫ 말을 무ᄅᆞ게 ᄲᅮ고 ᄀᆞᄅᆞ긔 업시 어러미로 죄 ᄎᆞᆫ 밀기울 서 말을 믈 섯그ᄃᆡ 누룩 드ᄃᆡᄂᆞᆫ 믈 마치 섯거 며조와 버무려 쪄 ᄂᆞᄅᆞ이 씨허 쥼안희 들게 쥐여 븍나모 닙 격디 노화 씌워 칠 일 후 다 ᄯᅳᄂᆞ니 ᄆᆞᆯ뇌여 또 씨허 ᄀᆞᄂᆞᆫ 어러미로 처 ᄒᆞᆫ 말의 소금 서 홉식 너허 ᄯᅳ물의 며죠를 반듁ᄒᆞᄃᆡ 쥐여 던질 만치 반듁ᄒᆞ여 항 미틔 이득 ᄊᆞᆯ고 가지 외 죄 삐서 쏙지 버혀 볏틔 시들게 ᄆᆞᆯ뇌와 동화 박틈 업시 노코 며조를 둣거이 노화야 빗 븕고 죠흐니라

우희란 둣거이 덥고 가지 닙흘 우희 여러 번 덥고 유지로 단단이 빠ᄆᆡ여 솟두에 덥고 흙 불나 ᄀᆞ장 뜰 두험 가온ᄃᆡ 헤혀고 플 븨여 덥고 항을 드려 노코 플노 항 몸의 두루 만히 ᄲᆞ고 두험을 마고 덥허 두엇다가 칠 일 후 내련니와 솟이 젹거든 늑 일 만의 내라

두험이 삭거나 ᄆᆞ라거나 ᄒᆞ거든 낫이면 ᄆᆡ양 믈 기러 두험 우희 부으면 수이 ᄯᅳᄂᆞ니라

68. 승기야탕

승기야탕

도미 ᄒᆞ나 슈어 ᄒᆞ나 셩ᄒᆞᆫ ᄉᆡᆼ션 ᄒᆞ나 돈짝마곰 졈여 녹말 무쳐 기ᄅᆞᆷ의 지지고 쇠골 양깃 ᄉᆡᆼ복 ᄉᆡᆼ치를 다 ᄉᆡᆼ션과 ᄀᆞᆺ치 졈여 지지고 뎨육 먹ᄂᆞ니ᄂᆞᆫ 뎨육도 닉은 거술 지지고 낙지 젼복 홍합 ᄒᆡ삼 실ᄒᆞ여 ᄲᅧ흘고 진계를 ᄆᆡ이 고아 건지ᄂᆞᆫ 건져 내고 그 믈

---

91 두은이 : 많이

92 망후(望後) : 음력 보름이 지난 후

93 가장 뜰 : 많이 뜰

94 매양 : 번번이, 매번, 항상

약과법

밀가루 1말로 만들려 하면 꿀 2되 잠깐 녹여 훌훌하거든 내어 식혀 더운 김 없앤다. 기름 5홉, 술 1종지 한데 타 꿀이 다 배거든 한데 모아 매우 눌러 쳐 혼합한다. (반죽이) 완성되면 밀어 반듯하게 썰어 지진다. 즙청 7홉만 하면 좋되 전꿀 말고 꿀 1되에 끓인 물 1종지를 타 한소끔 끓여 과즐을 더운 김에 담가 내라. 사용할 보통 기름을 두은이[91] 하고 청주를 두은 타 만들어야 좋으니라. 5되 지지면 기름 5홉 들고 1말 지질 때 되 가웃 드나니라.

즙장방문

7월 망후[92]에 메주를 만들 때, 콩 말을 무르게 쑨다. 가루기 없이 어레미로 모두 친 밀기울 3말을 물 섞되 누룩 디디는 물 맞춰 섞는다. 메주와 버무려 쪄서 나른하게 찧어 주머니 안에 들게 쥔다. 북나무 잎을 격지 놓아 띄운다. 7일 후 다 뜨면 말리어 가루 내어 또 찧어 가는 어레미로 친다. (메주가루) 1말에 소금 3홉씩 넣어 뜨물에 메주를 반죽하되 쥐여 던질 만큼 반죽하여 항아리 밑에 가득히 깐다. 가지와 오이를 모두 씻어 꼭지를 베어 볕에 시들게 말린다. 동아와 박을 틈 없이 넣고 메주를 두껍게 넣어야 빛이 붉고 좋다.

위에는 두껍게 덮고, 가지 잎을 위에 여러 번 덮고, 유지로 단단히 싸맨다. 솥뚜껑을 덮고, 흙을 발라 가장 뜰[93] 두엄 가운데를 헤쳐 풀을 베어 덮고 항아리를 드려 놓는다. 풀로 항아리 몸을 두루 많이 싸고 두엄을 많이 덮어 둔다. 7일 후 내려니와 솥이 적거든 6일 만에 낸다.

두엄이 삭거나 마르거나 하면 낮이면 매양[94] 물을 길어 두엄 위에 부으면 쉽게 뜬다.

승기야탕

도미 하나, 숭어 하나, 성한[95] 생선 하나를 돈짝[96]만큼 저며 녹말을 무쳐 기름에 지진다. 쇠골, 양깃, 생복, 꿩고기를 다 생선과 같이 저며 지진다. 돼지고기를 먹는 이는 돼지고기도 익은 것을 지진다. 낙지, 전복, 홍합, 해삼을 실하여 썰고, 진계[97]를

---

95 성한 : 싱싱한
96 돈짝 : 엽전의 크기
97 진계 : 묵은 닭

의 지령 타고 다ᄉᆞ마 쉬무오 박우거리 도랏 비ᄎᆞ 고비 고사리 ᄒᆞᆫ 치식 ᄌᆞᆯ나 두어 소금이나 ᄊᆞᆯ히다가 여러 가지 고기 여코 ᄆᆞᄅᆞ게 다히다가 쳔초 ᄒᆞᆫ 줌 너코 계란 ᄃᆞᆺ거이 부쳐 ᄡᅡ흘고 왼 파 ᄂᆞ믈 기릐와 ᄀᆞᆺ치 ᄌᆞᆯ나 여허 다리여 먹을 제 왼 잣 ᄡᅦ흐라

69. 물외지이

믈외지이

ᄎᆞᆫ 이ᄉᆞᆯ 외ᄅᆞᆯ ᄡᅵ서 볏틔 너러다가 믈긔 업ᄉᆞᆯ 만ᄒᆞ거든 샹치 아니케 ᄎᆡᆨᄎᆡᆨ 녀코 믈 ᄒᆞᆫ 동ᄒᆡ면 소금 ᄒᆞᆫ 줌이나 건건ᄒᆞᆯ 만치 녀허 ᄆᆡ이 ᄊᆞᆯ혀 사ᄂᆞᆯ게 ᄎᆡ와 우희 분지나 새나 항 부리ᄅᆞᆯ 막고 믈을 가ᄃᆞᆨ 부어 더온 ᄃᆡ 두지 말고 겨울의 얼우디 아니면 이삼월 되도록 됴흐니라

70. 가지지히 가을에 하는 것

가지 지히 ᄀᆞ올의 ᄒᆞᄂᆞᆫ 것

가지ᄅᆞᆯ ᄡᅵ서 믈긔 업ᄉᆞᆫ 후 아릐 우흘 버히고 두 그틔 소금 흐억이[102] 지거 녀헛다가 사흘 만의 넝슈 부어 븕근 물이 우러나거든 그 믈 ᄡᅩ다 ᄇᆞ리고 새 넝슈 부어 새로 머게 두온이 ᄉᆞᆺ자 돌 지잘너 두면 심동의 ᄡᅥ도 됴흐니라

71. 가지외지법

가지 외지법

져문 가지 외ᄅᆞᆯ 셧거 슈건으로 ᄡᅳ서 잠간 데쳐 내여 마ᄌᆞᆫ 항의 담고 ᄊᆞᆯ흔 믈의 소금 맛게 타 ᄀᆞᄃᆞᆨ 붓고 수게 딜어 돌 눌너 두면 싱싱ᄒᆞ고 봄이 디나도록 됴흐니라

72. 죽순찜

듁슌ᄶᅵᆷ

듁슌을 ᄀᆞ장 연ᄒᆞ고 ᄉᆞᆯ진 듁슌을 ᄉᆞᆯ마 믈의 ᄃᆞᆷ가 우러나거든 ᄆᆞᄃᆡᄅᆞᆯ 통케 파 ᄇᆞ리고 고기소ᄅᆞᆯ 만도소 ᄀᆞᄃᆞᆨ이 다져 녀허 ᄶᅧ내여 느롬미 즙과 ᄀᆞᆺ치 ᄒᆞ여 언저 ᄡᅳ라 팀듁슌이라도 살마 우려 ᄇᆞ리고 이대로 하면 됴흐니라

---

98 매우 : 보통 정도보다 훨씬 더
99 찬이슬 맞은 외 : 노각을 의미한다.
100 건건할 만큼 : 짜지 않게
101 분지 : 나뭇가지

매우[98] 고아 건지는 건져내고 그 물에 간장을 탄다. 다시마, 순무, 박오가리, 도라지, 배추, 고비, 고사리를 (각) 1치씩 잘라 두어 소끔 끓이다가 여러 가지 고기 넣고 무르게 달인다. 천초 1줌을 넣고, 달걀을 두껍게 부쳐 썰어 왼 파를 나물 길이와 같이 잘라 넣어 달인다. 먹을 때 왼 잣을 뿌린다.

물외지히

찬이슬 맞은 외[99]를 씻어 볕에 널었다가 물기 없을 만하거든 상하지 않게 차곡차곡 넣는다. 물 1동이면 소금 1줌이나 건건할 만큼[100] 넣어 많이 끓여 사늘하게 식혀 위에 분지[101]나 억새로 항아리 부리를 막고 물을 가득 붓는다. 더운 데 두지 말고, 겨울에 얼리지 않으면 2~3월 되도록 좋다.

가지지히 가을에 하는 것

가지를 씻어 물기 없앤 후 아래 위를 잘라 두 끝에 소금 넉넉히 묻혔다가 넣는다. 3일만에 냉수 부어 붉은 물이 우러나거든 그 물 쏟아 버린다. 새 냉수를 부어 새로 머게 두은이[103] 꽂아 돌을 지질러 두면 심동[104]에 써도 좋다.

가지 외지법

끝물 가지와 오이를 섞어 수건으로 씻어 잠깐 데쳐낸다. 적당한 항아리에 담고 끓인 물에 소금 맞게 타 가득 붓는다. 주게 질러[105] 돌로 눌러두면 싱싱하고 봄이 지나도록 좋다.

죽순찜

가장 연하고 살찐 죽순을 삶아 물에 담가 우러나거든 마디를 통하게 파 버린다. 고기소를 만두소 같이 다져 넣어 쪄내어 느르미즙과 같이 하여 얹어 쓴다. 침죽순[106]이라도 삶아 우려 버리고 이대로 하면 좋다.

---

102 흐억이 : 많이, 넉넉히

103 두은이 : 흥건히 또는 약간 질게

104 심동(深冬) : 한겨울

105 주게 질러 : 나무로 만든 얇은 판 2개를 열십자 모양으로 눌러 두는 것. '주게'는 주걱의 경상도 방언. 밥을 퍼 담는 데 사용하는 나무로 만든 도구

106 침죽순(沈) : 죽순을 소금물에 절여 놓는 것

73. 가지느름이

가지느름이

믈가지ᄅᆞᆯ 벗겨 ᄒᆞᆫ 치마곰 납죡납죡 ᄢᅥ흐러 젹고시 ᄡᅦ여 제 몸이 닉을 만치 구어 즙 ᄇᆞᄅᆞ련니와 즙의 고기 두드려 섯거 ᄇᆞᆯ나 구어 먹고 연포 즙쳐로 어리도 ᄡᅳᄂᆞ니라

74. 물가지찜

믈가지ᄶᅵᆷ

믈가지ᄅᆞᆯ 벗겨 가온ᄃᆡ ᄌᆞᆯ나 열십ᄌᆞ로 그어 싱치나 온갖 약염 ᄀᆞ초 녀허 힝긔의 담고 진ᄀᆞ로 걸게 말고 마쵸 타고 ᄊᆞ미ᄅᆞᆯ 가지 우희 덥허 ᄧᅧ내여 ᄊᆞ미란 내여 두ᄃᆞ려 즙 언저 ᄡᅳᄂᆞ니라

75-1. 송이찜

숑이ᄶᅵᆷ

동ᄌᆞ숑이ᄅᆞᆯ 실ᄒᆞ여 열십ᄌᆞ로 그으고 싱치로 약염 ᄀᆞ초 ᄒᆞ여 놋그ᄅᆞ시 듕탕ᄒᆞᄃᆡ 장국을 마초 ᄒᆞ여 붓고 진말 농말 듐 말게 타 닉거든 ᄡᅳᄂᆞ니라

75-2. 송이찜

숑이ᄶᅵᆷ

동ᄌᆞ숑이ᄅᆞᆯ 실ᄒᆞ여 열십ᄌᆞ로 그으고 싱치로 약염 ᄀᆞ초 ᄒᆞ여 놋그ᄅᆞ시 듕탕ᄒᆞᄃᆡ 장국을 마초 ᄒᆞ여 붓고 진말 농말 듐 말게 타 닉거든 ᄡᅳᄂᆞ니라

76. 전동아찜

뎐동화ᄶᅵᆷ

외마곰 ᄒᆞᆫ 뎐동화ᄅᆞᆯ 부리 젹게 버히고 속을 다 내고 겁질 죄 글거 ᄇᆞ리고 소ᄅᆞᆯ 만나게 ᄒᆞ여 그 속의 ᄀᆞ득 녀허 국을 마초와 노구의 담아 ᄶᅵᄂᆞ니라

---

107 물가지 : 물이 올라 잎이 난 가지

가지느름이

물가지[107]를 (껍질을) 벗겨 1치만큼 납죽납죽 썰어서 적꼬치에 꿰어 제 몸이 익을 만큼 굽는다. 즙을 바르려니와 즙에 그 고기를 두드려서 섞어 발라 구워 먹고, 연포즙처럼 어리도 쓴다.

물가지찜

물가지를 벗겨 가운데 잘라 열십자로 그어 꿩고기나 온갖 양념을 갖춰 넣는다. 놋그릇에 담고 밀가루 걸게 말고 맞춰 타서 꾸미를 가지 위에 덮어 쪄낸다. 꾸미는 내서 두드려 즙(에 섞어) 얹어 쓴다.

송이찜

동자송이[108]를 실하여[109] 열십자로 긋고 꿩고기를 양념 갖춰 한다. 놋그릇에 중탕하되 장국을 알맞게 붓고 밀가루나 녹말 중 (하나에) 맑게 타 익거든 쓴다.

송이찜

동자송이를 실하여 열십자로 긋고 꿩고기를 양념 갖춰한다. 놋그릇에 중탕하되 장국을 알맞게 붓고 밀가루나 녹말 중 (하나에) 맑게 타 익거든 쓰나니라.

전동아찜

외만 한 전동아의 꼭지를 작게 베어 속을 다 꺼내고 껍질을 모두 긁어버린다. 소를 맛있게 하여 그 속에 가득 넣어 국물에 간을 맞추어 노구[110]에 담아 찐다.

---

108 동자송이 : 어린 송이

109 실하여 : 껍질을 얇게 벗겨 다듬어서

110 노구 : 노구솥, 놋쇠나 구리쇠로 만든 작은 솥

77. 순무김치

쉿무오김치

쉿무우를 ᄆᆡ이 큰 거슨 ᄒᆞᆫ 치 기릐식 내여 열십ᄌᆞ로 짜긔고 ᄌᆞ니란 그저 열십ᄌᆞ로 ᄶᅩ려 녀코 ᄉᆡᆼ강 뎜여 녀코 ᄀᆞᆫ 잠간 뒷다가 ᄀᆞᆫ이 들거든 항의 녀코 ᄊᆡ소금 뵈 헝거ᄉᆡ 빠 항 밋ᄐᆡ 녀흔 후 그 우흐로 ᄀᆞᆫ 친 무우를 녀허 소금국 마초 ᄒᆞ여 부어 잘 ᄂᆡᆨ이면 ᄆᆡᆫ입의 아모리 먹어도 슬치 아니ᄒᆞ니라

78. 콩국수

콩국슈

진말 서 되 ᄀᆞᄂᆞ리 뇌고 ᄉᆡᆼ콩 ᄒᆞᆫ 되 ᄀᆞᄅᆞ ᄆᆞᆫᄃᆞ라 ᄒᆞᆫᄃᆡ 고로 석거 믈을 데여 ᄂᆡᆨ게 ᄆᆞ라 엷게 미러 ᄀᆞᄂᆞ리 빠흐라 ᄉᆞᆯ마 쟝국의도 먹고 ᄊᆡ국의도 먹ᄂᆞ니라

79. 냉만두

ᄂᆡᆼ만도

믁미[112] ᄀᆞ로 여러 번 뇌여[113] 녹말 쳐 반식 석거 녀름 음식이니 ᄉᆡᆼ제육 비게 업시 ᄉᆞᆯ만 ᄒᆞ여 약념 ᄀᆞ초 녀허 만도소 ᄆᆞᆫᄃᆞ라 소를 만두 모양으로 비져 그ᄅᆞᄉᆡ 구으려 ᄉᆞᆯ마 어름의 ᄎᆡ와 초지령 ᄉᆡᆼ강 파 ᄒᆞ여 녀름의 먹ᄂᆞ니라

80. 만두과

만두과

만두과ᄂᆞᆫ 약과 반듁ᄒᆞ듯 기름 몬져 쳐 일양[114] ᄒᆞ나 쇼ᄂᆞᆫ 대초ᄂᆞᆫ 두ᄃᆞ려 ᄶᅵ고 밤은 살마 걸너 계피 호초 여허 형을 ᄃᆞᆫᄃᆞᆫ이 비져 지지ᄂᆞ니라

81. 강정

강정

강졍은 슐의 반듁ᄒᆞᄂᆞᆫᄃᆡ 조악 반듁이예셔[116] ᄆᆡ오 눅게 눅게 ᄒᆞ고 쑬은 짐작ᄒᆞ여 녀코 지지ᄂᆞᆫ 기름을 번쳘의 몬져 더여 그ᄅᆞᄉᆡ 버ᄂᆡ여 강졍을 녀허 더러 인 후 그제야 쓸ᄂᆞᆫ 번쳘의 녀허 ᄆᆡ오 져어 다 인 후 ᄂᆡᄂᆞ니라
강졍을 아조 말뇌여 술의 ᄢᅵ셔 ᄯᅩ 말뇌여 두엇다가 이ᄂᆞ니라

---

111 슬히 않다 : 싫어하지 않는다.
112 믁미 : 목미. 메밀쌀
113 뇌여 : 굵은체에 치고 고운체에 치는 것. 3~4번 반복하여 체에 친다.
114 일양(一樣) : 한결같은 모양. 또는 같은 모양. 한결같이 그대로. 또는 꼭 그대로

순무김치

순무를 매우 큰 것은 1치 길이씩 (토막)내어 열십자로 쪼개고, 잔 것은 그냥 열십자로 잘러 넣는다. 생강을 저며 넣고, 간을 하여 잠깐 뒀다가 간이 들면 항아리에 넣는다. 깨소금을 베 헝겊에 싸 항아리 밑에 넣은 후 그 위에 간을 친 무를 넣어 소금국을 알맞게 하여 붓는다. 잘 익으면 맨입에 아무리 먹어도 슬히 않다.[111]

콩국수

밀가루 3되를 곱게 쳐서, 날 콩 1되를 가루로 하여 한데 고루 섞는다. 물을 데워 익반죽하여 얇게 밀어 가늘게 썬다. 삶아서 장국에도 먹고 깻국에도 먹는다.

냉만두

메밀가루를 여러 번 (체에) 치고 녹말을 (체에) 쳐서 반씩 섞는다. 여름 음식이니 생돼지고기를 비계 없이 살만 하여 양념을 갖추어 넣고 만두소를 만든다. 소를 만두 모양으로 빚어 (메밀가루와 녹말을 섞은) 그릇에 굴려 삶는다. (만두를) 얼음에 차게 하여 초간장과 생강, 파를 넣어 여름에 먹는다.

만두과

만두과는 약과를 반죽하듯 기름을 먼저 쳐서 같은 모양을 만든다. 소는 대추를 두드려 찌고 밤은 삶아 걸러 계피와 후추를 넣어 모양을 단단히 빚어[115] 지진다.

강정

강정은 술에 반죽하는데 주악 반죽보다 매우 눅게 하고 꿀은 짐작하여 넣는다.
지지는 기름을 번철에 먼저 데워 그릇에 덜어 내어 강정을 넣어 더러[117] 인[118] 후 그제야 끓는 번철에 넣어 매우 저어 다 인 후 낸다.
강정(바탕)을 많이 말려 술에 담구었다가 또 말려 두었다가 인다.

---

115 단단히 빚어 : 만두가 터지지 않도록 만두피를 단단히 눌러 오므리는 것
116 ~이예셔 : ~보다, 이것에 비하여
117 더러 : 조금
118 인 : 부푼. 겉으로 부풀거나 위로 솟다은

82. 채소과

치소과

치소과는 대 막딕 두 갈고리 ᄒᆞ여 가지고 가늘게 미러 붓지 아니케 그 막딕의 가마 번철의 두의쳐 지지ᄂᆞ니라

83. 연사과

연ᄉᆞ과

연ᄉᆞ과도 강졍 ᄒᆞ듯 ᄒᆞ여 조금식 반듯반듯ᄒᆞ게 버혀 지져 아모것도 아니 무치고 지져 잣ᄀᆞ로 무쳐 찬합의 언ᄂᆞ니라

84. 산자

산ᄌᆞ

산ᄌᆞ도 강졍 ᄒᆞ듯 ᄒᆞ여 물뇌여 ᄒᆞ고 강반은 졈미 삼일 담가다가 건져 쪄서 닉여 보ᄌᆞ 덥허 식은 후 덩이 업시 쓰더 볏틱 더러 말뇌여 베거미의 담아 지지ᄂᆞ니라

지져 닌 후 굴날 무쳐 체의 흔들면 됴코 찌기도 이글 만치 밧싹 올니ᄂᆞ니라

85. 증편

증편

증편은 두 되 넉넉ᄒᆞᆫ즉 슐 ᄒᆞᆫ 듕발 치고 닝슈와 반듁ᄒᆞ되 된 듁만치 ᄒᆞ여 덥혀 더운 딕 노하다가 다. 괸 후 찌ᄂᆞ니라

86. 열구자탕소입[122]

열구ᄌᆞ탕 소입

웃듬은 싱치니 술마 내여 고이 뼈흐라 지지고 무오를 왼 이로 고이 쟝국의 살마 닉되 너모 무라 익딕 아니니 알마초 살마 빠흐라 기룸의 지지고 편편ᄒᆞᆫ 양을 살마 빠흐라 지지고 싱양기술 빠흐라 복고 져육 빠흐라 복고 완ᄌᆞ ᄒᆞᄂᆞᆫ 딕 두부를 섯거 연ᄒᆞ고 곤자손 술마 빠흐라 지지고 져육 삿긔집 빠흐라 지지고 싱션 탕 건지 모양으로 뼈흐러 계란 씌워 지지고 싱션을 어만도쳐로 소 너허 술송편만치 계란 씌워 지지고

---

119 베거미 : 베보자기 양쪽에 대나무 막대기를 걸어 사용하는 기구(베보자기를 이용해 만든 일종의 튀김망)
부득이(규합총서) : 굵은 베 1척 1폭을 네 귀를 매서 싸리로 맨 것

채소과

채소과는 대나무 막대를 두 갈고리로 하여 (반죽을) 가늘게 밀어 붙지 않게 그 막대에 감아 번철에 뒤적여 지진다.

연사과

연사과도 강정을 만들듯 하여 조금씩 반듯반듯하게 잘라 지진다. 아무것도 묻히지 않고 지져서 잣가루를 묻혀 찬합에 넣는다.

산자

산자도 강정을 하듯 하여 말려서 하고 강반은 찹쌀을 3일 동안 담갔다가 건져 쪄내어 보자기를 덮는다. 식은 후에 덩어리가 없도록 뜯어 볕에 널어 말려 베거미[119]에 담아 지진다. (산자를) 지져 낸 후 (강반)가루를 묻혀 체에 흔들면 좋다. (불) 때기는 익을 만큼 (불을) 바싹 올린다.

증편

증편은 (쌀이) 2되면 넉넉하니, 술 한 중발[120]을 치고 냉수와 반죽하되 된 죽만큼 (되게) 한다. (반죽을) 덮어 따뜻한 데 놓았다가 다 괸[121] 후에 찐다.

열구자탕 소입

으뜸은 꿩고기이니 삶아 내어 곱게 썰어 지진다. 무를 통째로 장국에 삶아 내되 너무 무르게 익지 않게 알맞게 삶아 썰어 기름에 지진다. 편편한 양을 삶아 썰어 지지고, 생양깃머리는 썰어 볶고, 돼지고기를 썰어 볶는다. 완자를 만드는 데 두부를 섞어 연하게 만든다. 곤자소니를 삶아 썰어 지지고, 돼지고기 새끼집을 썰어 지진다. 생선은 탕 건지 모양으로 썰어 달걀을 씌워 지지고, 생선을 어만두처럼 소를 넣어

---

120 중발 : 조그마한 주발(밥그릇). 물 따위를 담아 그 분량을 세는 단위

121 괴다 : 술, 간장, 식초 따위가 발효하여 거품이 일다.

122 소입(所入) : 무슨 일에 든 돈이나 재물. 열구자탕에 들어가는 재료

셕이 겨란 ᄡᅴ워 지저 ᄡᅧ흘고 미ᄂᆞ리 파 파라케 데쳐 제 길노 계란 ᄡᅴ워 지져 ᄡᅧ흘고 표고 ᄡᅧ흐라 지지고 다ᄉᆞ마 틍노고[123]나 새옹의나 구리 돈이나 쥬셕 잠을쇠나 너허ᄉᆞᆯ무면 파라ᄒᆞ거든 ᄡᅧ흐러 지지고 싱치와 고기 ᄉᆞᆯ문 댱국을 ᄯᆞ로 ᄒᆞ여 그ᄅᆞ시 담고 열구ᄌᆞ탕 건지를 열구ᄌᆞ 그ᄅᆞᄉᆡ 국 건지를 알마초 담고 댱국 처 블 노코 그 남아ᄂᆞᆫ 건지ᄂᆞᆫ 징반의나 왜반[124]의나 고이 격지 잇게 담은 후 겨란 흰ᄌᆞ의 ᄯᆞ로 지져 ᄡᅧ흘고 노른ᄌᆞ의 지져 담고 ᄋᆡ탕 ᄲᅮᆨ도 말가게 ᄢᅵ서 ᄶᅵ어 겨란 ᄢᅵ여 두둑이 지져 ᄲᅡ흐라 너코 됴흔 권무를 ᄡᅧ흐러 지져 너코 은잉 실ᄒᆞ여 너코 호도 실ᄒᆞ여 너코 ᄒᆡ삼 젼복 ᄃᆞᆰ 박우거리 드ᄂᆞ니라

87. 열구자 건지

열구ᄌᆞ 건지

열구ᄌᆞ 건지 그라셰 담지 아니 하니라 셰알마치 담고 고초 겨란 ᄡᅧ흐러 식 드려 담고□□□□

88. 합주방문

합듀 방문

ᄇᆡᆨ미 ᄒᆞᆫ 말 ᄃᆞᆷ가다가 밤 재여 ᄶᅵ되 믈을 ᄡᅳᆯ혀 닉게 ᄶᅧ ᄆᆡ이 ᄎᆡ와 ᄀᆞᄅᆞ 누록 칠 홉 석김 두 홉 섯거 녀허 닉거든 ᄡᅳ라 졈미로 비ᄌᆞ면 더 ᄃᆞᆯ고 됴흐ᄃᆡ 날믈 금긔ᄒᆞ라

89. 찹쌀청주법

ᄎᆞᆯᄡᆞᆯ청쥬법

ᄎᆞᆯ밥을 ᄶᅧ 시루재 노코 찬물의 식도록 말가케 시서 그ᄅᆞᄉᆡ 헤쳐 물이 ᄢᅵ거든 ᄒᆞᆫ말의 ᄀᆞ루누룩 닷곱 석거 두면 닉어 마시 됴흐니라 괴거든 극열은 즉시 ᄎᆡ우라

90. 송엽주

송엽쥬

ᄉᆞᆯ닙 엿말 ᄡᅡ ᄒᆞᆫ벌 ᄡᅳᆯ혀 ᄇᆞ리고 물 엿말 부어 두말되게 달혀 ᄇᆡᆨ미 ᄒᆞᆫ말 ᄇᆡᆨ세 작말 ᄒᆞ여 ᄡᅳᆯ흔 물의 ᄀᆡ여 누룩 닷곱 석거 너허 ᄯᅮᆺ다가 세닐에 후 먹으라 ᄇᆡ의 넝기 잇ᄂᆞᆫ ᄀᆡ와 ᄇᆞ람증 인ᄂᆞᆫ 먹으면 됴흐니라

---

123 틍노고 : 퉁노구. 품질이 낮은 놋쇠로 만든 작은 솥의 옛말

124 왜반 : 예반(-盤). 나무나 쇠붙이 따위를 둥글고 납작하게 만들어 칠한 그릇. 반(盤)은 소반, 예반, 쟁반 따위를 통틀어 이르는 말로 왜반은 예반의 오기로 보인다.

125 권모(拳模) : 골무떡. 가락을 짧게 자른 흰떡

꿀 송편만큼 달걀을 씌워 지진다. 석이버섯은 달걀을 씌워 지져 썰고, 미나리와 파를 파랗게 데쳐 바로 달걀을 씌워 지져 썬다. 표고버섯도 썰어 지지고, 다시마는 통노구나 새옹에 구리돈이나 주석 자물쇠를 넣어 삶아 파래지면 썰어 지진다.
생꿩고기와 고기를 삶은 장국을 따로 하여 그릇에 담고, 열구자탕 건지를 열구자 그릇에 국 건지를 알맞게 담고 장국을 부어 불을 놓는다. 그 남은 건지는 쟁반에나 왜반에나 곱게 여러 겹으로 쌓아 담은 후, 달걀 흰자위를 따로 지져 썰고 노른자위를 지져 담는다. 애탕에 쓰는 쑥도 말갛게 씻어 찧어 달걀을 씌워 두둑이 지져 썰어 넣는다. 좋은 권모[125]를 썰어 지져 넣고, 은행을 실하여 넣고 호두도 실하여 넣는다. 해삼, 전복, 닭, 박오가리가 들어간다.

열구자 건지

열구자 건지를 그릇에 담지 않는다. 새알만큼 담고, 고추와 달걀을 썰어 색을 들여 담고□□□□.

합주방문

백미 1말을 담갔다가 (하룻)밤을 재워 찌되 물을 끓여 익게 쪄서 매우 식혀 가루 누룩 7홉, 서김 2홉을 섞어 넣어 익으면 쓴다. 찹쌀로 빚으면 더 달고 좋은데, 날물은 금기한다.

찹쌀청주법

찰밥을 쪄 시루째 놓고 찬물에 식도록 말갛게 씻어 그릇에 헤쳐 물이 빼거든 1말에 가루누룩 5홉 섞어두면 익어 맛이 좋으니라. 괴거든 극열[126]은 즉시 채우라[127].

송엽주

솔잎 6말 따 한번 끓여 버리고, 물 6말 부어 2말 되게 달여 백미 1말 깨끗이 씻어 가루 내어 끓인 물에 개어 누룩 5홉 섞어 넣어 두었다가 세이레[128] 후 먹으라. 배의 냉기 있는 이와 바람증 있는 이가 먹으면 좋으니라.

---

126 극열 : 몹시 뜨거움. 또는 그런 열기
127 채우다 : 음식, 과일, 물건 따위를 차게 하거나 상하지 않게 하려고 찬물이나 얼음 속에 담그다.
128 세이레 : 스무하루 동안. 또는 스무하루가 되는 날

91. 소국주방문

소국쥬방문

열말을 비ᄌᆞ려 ᄒᆞ면 ᄒᆡ일 삼일 젼의 물 스물닷병울 ᄀᆞ장 됴흔 섭누룩 서되 담그고[129] ᄡᆞᆯ 닷말을 옥ᄀᆞᆺ치 ᄡᆞᆯ허 ᄇᆡᆨ세 작말ᄒᆞ여 닉게닉게 ᄶᅧ 더욱이로 시로재 겨틔노코저 부어 두면 삼월 회간 ᄉᆞ월 초싱 즈음나 괴아 ᄠᅳᆯ 거시니 좋흔 ᄒᆡᆼᄌᆞ로 물ᄭᅴ업시 ᄒᆞ여 ᄌᆞ로 ᄡᅳᆺ가시여 두고 ᄡᅳᄡᅳ라

92. 삼일주법

삼일쥬법

ᄭᅳᆯ혀 식은 물 ᄒᆞᆫ말의 누룩 서되 프러 항의 너허 밤자여 깁체예 바쳐 ᄇᆡᆨ미 ᄒᆞᆫ말 ᄇᆡᆨ세 ᄒᆞ여 ᄀᆞᄅᆞ ᄶᅵ허 실긔 ᄶᅧ 그 누룩 물의 프러 항의 너허다가 삼일의 드리오면 ᄀᆞ장 ᄆᆞᆰ고 ᄡᅳ니라

93. 두견주법

두견쥬법

두견쥬 ᄒᆞᆫ 제 비ᄌᆞ랴 ᄒᆞ면 정월 ᄒᆡ일의 졍ᄒᆞᆫ ᄇᆡᆨ미 두 말 가옷[131] ᄉᆞᆯ ᄇᆡᆨ세 작말ᄒᆞ여 물 두 말 가옷시 ᄀᆡ야사 길이 ᄎᆡ으로 됴흔 누룩 ᄀᆞᄅᆞ 두 되 가옷 진ᄀᆞᄅᆞ 두 되 오실 가ᄂᆞ리 처 너허 ᄆᆞ이 합ᄒᆞ게 쳐 너허 한되 두엇다가 이월 금음 삼월 초싱[132] 두견화 픠ᄂᆞᆫ 소문 잇거든 ᄇᆡᆨ미 두 말 가옷 졈미 두 말 가옷ᄉᆞᆯ 옥ᄀᆞᆺ치 ᄡᆞᆯ혀 ᄃᆞᆷ가 ᄒᆞ라밤 지나거든 쇼국쥬 밥ᄀᆞᆺ치 되ᄌᆞ기 ᄶᅧ ᄎᆡ오고 ᄭᅳᆯ힌 믈 닷 말을 어름ᄀᆞᆺ치 ᄎᆡ오고 독을 날믈긔 업시 ᄒᆞ여 고앙의나 서ᄂᆞᆯᄒᆞᆫ ᄃᆡ 뭇고 술미ᄎᆞᆯ 너코 메밥[133] 진 거ᄉᆞᆯ 몬져 너코 그 믈 닷 말을 우희 퍼부어 ᄡᆞᄆᆡ야 두엇다가 두견화 픠거든 여ᄒᆡ 업시 졍히 ᄶᅡ 담아 ᄒᆞᆫ 되만 줄흘 죄 싯고 손으로 쥐여 ᄉᆞᆸ을 깁히 헤치고 너허 두엇다가 ᄒᆞᆫ 열흘 후 보면 말가케 괴야 ᄭᅩᆺ과 밥알이 우희 ᄶᅥ오ᄅᆞᄂᆞ니라. 다 ᄡᅳᆫ 후 ᄎᆞᄡᆞᆯ ᄒᆞᆫ 말을 닉게 ᄶᅧ 식여 너코 믈 ᄒᆞᆫ 말만 ᄭᅳᆯ혀 식여 부으면 또 수이 되ᄂᆞ니 이거시 아ᄃᆞᆯ 두견쥬니라 ᄂᆞᆯ믈기 죠곰 이셔도 싀니 일졀 졍히 ᄒᆞ여 ᄒᆡᆼᄌᆞ질[134] ᄀᆞᆺ금 ᄒᆞᄂᆞ니라

---

129 담그고 : 김치·술·장·젓갈 따위를 만드는 재료를 버무리거나 물을 부어서, 익거나 삭도록 그릇에 넣어 두고

130 회간(晦間) : 그믐께(그믐날 앞뒤의 며칠 동안)

소국주방문

10말을 빚으려 하면 해일 3일 전에 물 25병을 가장 좋은 섬누룩 3되 담그고 쌀 5말을 옥같이 쓿어 깨끗이 씻어 가루 내어 익게익게 쪄 더운 기로 시루째 곁에 놓고 저어 부어두면 3월 회간[130] 4월 초생 즈음에 괴었을 것이니 깨끗한 행주로 물기 없이 하여 자주 닦아주어 두고 쓰라.

삼일주법

끓여 식힌 물 1말에 누룩 3되 풀어 항아리에 넣어 밤 재워 깁체에 받친다. 백미 1말 깨끗이 씻어 가루 내어 시루에 쪄 그 누룩 물에 풀어 항아리에 넣었다가 3일에 거르면 가장 맵고 쓰니라.

두견주법

두견주 1제 빚으려하면 정월 해일에 정한 백미 2말 가웃을 깨끗하게 씻어 가루 내어 물 2말 가웃이 기지야사 같이 참으로 좋은 누룩가루 2되 가웃, 진가루 2되 □□□□리 쳐 넣어 많이 합하게 쳐 넣어 한데 두었다가 2월 그믐, 3월 초승에 두견화가 핀다는 소문이 있으면 백미 2말 가웃, 찹쌀 2말 가웃을 옥같이 쓿어 담근다. 하룻밤이 지나면 소국주 밥같이 되직이 쪄서 식히고, 끓인 물 5말을 얼음같이 식힌다. 독을 날물기 없이 하여 광에나 서늘한 데 묻고, 술밑을 넣고 메밥 지은 것을 먼저 넣고 그 물 5말을 위에 퍼부어 싸매어 둔다. 두견화가 피면 여회(꽃술)은 없이 깨끗이 따 담아 1되만 줄[135]을 죄[136] 씻고 손으로 쥐어 술을 깊이 헤치고 넣어 둔다. 한 10일 후에 보면 말갛게 괴어 꽃과 밥알이 위에 떠오른다. 다 뜬 후 찹쌀 1말을 익게 쪄서 식혀 넣고, 물 1말만 끓여 식혀 부으면 또 쉽게 된다. 이것이 아들 두견주[137]이다. 날물기가 조금만 있어도 쉬니 반드시 깨끗이 하여 (술독에) 행주질을 가끔 한다.

---

131 가웃 : (수량을 나타내는 명사 또는 명사구 뒤에 붙어) 수량을 나타내는 표현에 사용된 단위의 절반 정도 분량의 뜻을 더하는 접미사, 분량의 ½
132 초싱 : 초승의 옛말. 음력으로 그달 초하루부터 처음 며칠 동안
133 메밥 : 멥쌀로 지은 보통 밥을 찰밥에 상대하여 이르는 말
134 힝즈질 : 행주질
135 줄 : '줄이어'의 준말. 계속해서
136 죄 : 모두
137 아들 두견주 : 두 번째 생산되는 두견주, 후주

94. 증편하는 법

증편 ᄒᆞᄂᆞᆫ 법

ᄲᆞᆯ이 아홉 되면 슐 ᄒᆞᆫ 탕긔을 가로 반쥭 ᄒᆞᆯ 만치 믈을 타 ᄒᆞ여 져역 ᄣᅢ ᄒᆞ면 ᄂᆡ일 식젼 ᄂᆡ여 ᄧᅵ고 식젼 ᄒᆞ면 져역 ᄣᅢ ᄧᅵᄂᆞ니라

95. 생치찜

ᄉᆡᆼ치ᄶᅵᆷ

ᄉᆡᆼ치을 각을 ᄯᅥ ᄲᅧ을 바라고 고기을 두다려 양념을 맛잇게 ᄒᆞ여 쇼을 녀허 다리 모양 잇게 ᄆᆡᆫ드라 가로 약간 무쳐 ᄃᆞᆰ의알 ᄡᅳ여 기ᄅᆞᆷ의 지지고 박오가리 무오 잡탕쳐로 ᄡᅥᄒᆞ러 무라게 ᄒᆞ고 국믈을 맛잇게 ᄒᆞ여 잠간 ᄭᅳ려 ᄂᆡ고 우의 ᄃᆞᆰ알과 표고 셕이 고이 ᄡᅥᄒᆞ러 언ᄂᆞ니라 미ᄂᆞ리 쇽쥬도 언ᄂᆞ니라

96. 문주

문쥬

어린 호박을 ᄧᅵ던지 잠간 삼던지 ᄒᆞᄃᆡ 네희 ᄂᆡ던지 둘의 ᄂᆡ던지 거쥭을 이ᄂᆡ 고기을 두다려 양념ᄒᆞᄃᆡ 만난 고초장 장의 믈게 ᄀᆡᄃᆡ 바라고 기ᄅᆞᆷ 발나 구으면 조흐니라

97. 편수

편슈

밀ᄀᆞ로을 반쥭ᄒᆞᄃᆡ 손바닥마치 미러 소ᄂᆞᆫ 만두쇼쳐로 ᄒᆞᄃᆡ ᄇᆡᄎᆞ 입흔 너치 말고 두부 만히 너치 말고 쇼을 녀허 네 귀을 모도 잡아 쇼가 ᄲᅡ지잔케 지버 댱국의 살마 초지령의 먹ᄂᆞ이라

98. 수교의

슈교의

밀ᄀᆞ로을 반쥭ᄒᆞ여 ᄡᅥᄒᆞ러 쇼을 녀허 모도 잡아 쥴음 잡아 체의 ᄡᅧ ᄂᆡᄃᆡ 초지령의 먹ᄂᆞ니라 쇼ᄂᆞᆫ 외로 젼병 쇼 ᄒᆞᄃᆞᆺ ᄒᆞᄂᆞ니라 얍게 미러 ᄒᆞᄂᆞ니라

---

138 이내 : 어슷하게 썰어

증편 하는 법

쌀이 9되면 술 1탕기를 가루 반죽할 만큼 물을 탄다.
저녁 때 하면 이튿날 식전에 내서 찌고, 식전에 하면 저녁 때 찐다.

생치찜

꿩고기를 각을 떠 뼈를 바르고 고기를 두드려 양념을 맛있게 한다. 소를 넣어 다리 모양이 있도록 만들어 가루를 약간 묻혀 달걀을 씌워 기름에 지진다. 박오가리와 무를 잡탕처럼 썰어 무르게 하고 국물을 맛있게 하여 잠깐 끓여 낸다. 그 위에 달걀, 표고버섯, 석이버섯을 곱게 썰어 얹는다. 미나리, 숙주도 얹는다.

문주

어린 호박을 찌든지 잠깐 삶든지 하되, 넷으로 가르든지 둘로 가르든지 거죽을 이내[138] 고기를 두드려 양념한다. 맛난 고추장에 묽게 개어 바르고 기름을 발라 구우면 좋다.

편수

밀가루를 반죽하되 손바닥만큼 밀고, 소는 만두소처럼 만들되 배추 잎은 넣지 말고 두부를 많이 넣지 않는다. 소를 넣어 네 귀를 모두 잡아 소가 빠지지 않게 집는다. 장국에 삶아 초간장에 먹는다.

수교의

밀가루를 반죽하여 (밀어) 썬 후 소를 넣어 모두 잡아 주름을 잡아 체에 쪄 내되 초간장에 먹는다. 소는 외로 전병 소를 만들 듯 한다. 얇게 밀어 만든다.

99. 국수비빔

국슈부븨임

져육 양지머리 ᄀᆞᄂᆞ리 ᄡᅥ흐러 고기을 ᄀᆞ날게 ᄡᅥ흐러 양염ᄒᆞ여 잠간 복가 ᄂᆡ고 미ᄂᆞ리 도라슬 싱치쳐로 가ᄂᆞ리 ᄒᆞᄃᆡ 여허도 조코 조흔 ᄇᆡᄎᆞ김치 흰 것만 ᄀᆞᄂᆞ리 ᄡᅥ흐러 너허도 조흐니라 ᄃᆞᆰ의알 셕이 표고 ᄀᆞᄂᆞ리 ᄡᅥ흐러 우의 언즈면 조흐니라

100. 떡볶이

썩복기

썩을 잡탕 무오보다 조곰 굴게 ᄡᅥ흘고 져육 미ᄂᆞ리 슉쥬 고기을 담가 블근 믈을 업시 ᄒᆞᆫ 후 가ᄂᆞ리 두다려 양념ᄒᆞ여 즈즐ᄒᆞ게 익여 퍼ᄂᆡ고 썩 슈젼보아 장국을 만나게 ᄭᅳ려 양념과 썩을 ᄒᆞᆫᄃᆡ 녀허 복가 ᄂᆡᄂᆞ이라 도라지 박오가리 표고도 너코 셕니 표고 ᄃᆞᆰ의알 브쳐 ᄀᆞᄂᆞ리 ᄡᅥ흐러 언ᄂᆞ니라

101. 칠영계찜

칠영계씸

ᄃᆞᆰ과 고기 너허 살마 ᄂᆡ여 ᄡᅵ져 도라지 갸ᄅᆞᆷᄒᆞ게 잘나 너코 미ᄂᆞ리도 너흐랴면 너코 기ᄅᆞᆷ 양염 너코 국을 ᄌᆞ즐ᄒᆞ여 ᄒᆞᆫ숍금 ᄭᅳ려 ᄂᆡ면 조흐니라

102. 두텁떡

두텁썩

ᄎᆞᆯᄀᆞ로을 반쥭ᄒᆞ여 자그마큼 뭉쳐 팟치나 밤이나 소을 녀허 대초와 밤을 ᄡᅡ흐라 무쳐 체의나 ᄡᅧ ᄂᆡ여 복근 ᄭᅮᆯ팟츨 무치면 조흐니라

103. 대추단자

대초단ᄌᆞ

밤 대초 잘게 ᄡᅥ흐러 다져 ᄎᆞᆯ가로 알마치 □□□여 ᄡᅧ셔 셕니단ᄌᆞ쳐로 버여 잣가로 무쳐 ᄡᅳ라

---

139 즈즐하게 : 물기가 남아 있어 조금 진 듯한 상태

140 떡수전 : 떡의 양과 상태

국수비빔

돼지고기 양지머리를 가늘게 썰고 (소)고기를 가늘게 썰어 양념하여 잠깐 볶아 낸다. 미나리와 도라지를 생채처럼 가늘게 썰어 넣어도 좋고, 좋은 배추김치 흰 것만 가늘게 썰어 넣어도 좋다. 달걀, 석이버섯, 표고버섯을 가늘게 썰어 위에 얹으면 좋다.

떡볶이

떡을 잡탕 무보다 조금 굵게 썬다. 돼지고기, 미나리, 숙주, 고기를 담가 붉은 물을 없게 한 후 가늘게 두드려 양념하여 즈즐하게[139] 익혀 펴서 낸다. 떡수전[140] 보아 장국을 맛나게 끓여 양념과 떡을 한데 넣어 볶아 낸다. 도라지, 박오가리, 표고버섯도 넣고, 석이버섯, 표고버섯은 달걀에 부쳐 가늘게 썰어 얹는다.

칠영계찜

닭과 고기를 넣어 삶아 내어 찢는다. 도라지를 갸름하게 잘라 넣고 미나리도 넣으려면 넣는다. 기름 양념을 넣고 국을 자작하게 한소끔 끓여내면 좋다.

두텁떡

찹쌀가루를 반죽하여 자그맣게 뭉쳐 팥이나 밤이나 소를 넣어 대추와 밤을 썰어 묻혀 체에다 쪄내어 볶은 꿀팥을 묻히면 좋다.

대추단자[141]

밤과 대추를 잘게 썰어 다져 찹쌀가루를 알맞게 □□□(반죽하)여 쪄서 석이단자처럼 베어 잣가루를 묻혀 쓴다.

---

141 원문에는 대추단자의 내용이 유실되었다. 국립중앙도서관 소장의 《주식방문》의 대추단자는 "대추와 밤을 잘게 썰어 다져놓고, 찹쌀가루를 알맞게 넣어 반죽하여 찐다. 잣가루를 묻혀 쓴다."라고 하였기에 참고하였다.

104. 찰시루편

찰시루편

□□□□ 곰아콤 뻐흐러 출갈을 증편 반쥭만치 □□□□기 팟 복가 밋과 우의 쎄여 뼈 셕이편쳐로 뻐 □□□□ 쓰라

105. 밤단자

밤단ᄌᆞ

밤단ᄌᆞᄂᆞᆫ 밤 뭉쳐 출ᄀᆞ로 익여 □□□□ □□ 복가 무치라 메떡 갈에 꿀을 쳐 조흔 콩 □□□□ 바가 ᄒᆞ면 조타

106. 냉면

ᄂᆡᆼ면

ᄂᆡᆼ면은 김ᄎᆡ 꿀 쳐 잘 담으고 고초 양염은 크□□□□ 우려ᄂᆡ여 버리고 국슈 더운 물의 허여 국슈 ᄒᆞᆫ 켜 고기 져육 셧거 ᄒᆞᆫ 켜 셧거 격지 노코 우의 달긔알 ᄎᆡ 쳐 노코 양염 가초 너코 김ᄎᆡ국 우의 브어 마라

107. 연사과

연ᄉᆞ과

연ᄉᆞ과ᄂᆞᆫ 강졍쳐로 ᄒᆞ여 ᄉᆡ옹의라도 ᄒᆞ여 율란 조란 그런 실과의 ᄒᆞᆫᄃᆡ 담다.

108. 두텁떡

두텁썩이 이 법이 조흐니라

조곰안 실ᄂᆡ 안칠 젹 팟 복가 뭉쳐 방울 노코 방울 우희 갈을 덥고 팟츨 쎄여 고명 노코 뼈 ᄂᆡ면 조코 증편 테의 반쥭 알마치 ᄒᆞ여 팟 복가 미틔 ᄲᅳ리고 반쥭ᄒᆞᆫ 거ᄉᆞᆯ 켜을 노코 팟 뭉쳐 방울 노코 그 우의 반쥭을 숣노나 써 보이도록 고명 노코 팟 브려 실ᄂᆡ 여러흘 포지버 뼈 ᄂᆡ면 더 조흐니라

찰시루편[142]

□□□□ 그만큼씩 썰어 찹쌀가루를 증편 반죽만큼 □□□□기 팥을 볶아 밑과 위에 뿌려 쪄 석이편처럼 쪄서 □□□□ 쓴다.

밤단자

밤단자는 밤을 뭉쳐 찹쌀가루를 익혀 □□□□ □□ 볶아 묻힌다. 메떡 가루에 꿀을 쳐 좋은 콩 □□□□ 박아서 하면 좋다.

냉면

냉면은 김치(국물)에 꿀을 쳐 잘 담는다. 고추 양념은 크게 잘라서 우려내어 버리고 국수는 따뜻한 물에 흩어서 (삶아내어) 국수 한 켜, 쇠고기와 돼지고기를 섞어 한 켜를 섞어 여러 겹으로 쌓는다. 그 위에 달걀(지단)을 채쳐 놓고, 양념을 갖추어 넣고 김칫국물을 위에 부어 만다.

연사과

연사과는 강정처럼 하여 새옹에라도 하여 율란, 조란과 같은 그런 실과에 한데 담는다.

두텁떡은 이 방법이 좋다.

조그만 시루에 안칠 때 팥을 볶아 뭉쳐 방울을 놓고, 방울 위에 가루를 덮고 팥을 뿌려 고명을 놓고 쪄 내면 좋다. 증편 테의 반죽을 알맞게 하여 팥을 볶아 밑에 뿌린다. 반죽한 것을 켜를 놓고 팥을 뭉쳐 방울을 놓고 그 위에 반죽을 숟가락으로나 떠서 보이도록 고명을 놓고 팥을 뿌린다. (그것을) 시루에 여럿을 포개어 쪄내면 더 좋다.

---

142 본문이 유실되어 음식명을 알 수 없으나 볶은 팥 고물을 얹어 찐 찰시루편으로 추정하였다.

109. 오미자편

오미ᄌᆞ편

오미ᄌᆞ편은 오미 물의 엉길 만치 ᄒᆞ여거든 다ᄉᆞᆺ 후 연지을 너허 암도라지게 ᄒᆞ여 퍼 구쳐야 고으니라

110. 산사정과

산ᄉᆞ정과

산ᄉᆞ을 ᄭᅮᆯ의 믜오 조려 밀 덩이 쳐로 □□□□도 ᄒᆞ고 상의도 노ᄒᆞ면 조ᄒᆞ니라

111. 증편 기주하는 법

증편 긔쥬ᄒᆞᄂᆞᆫ (법)[144]

---

143 앵돌아지게 : 풀어지지 않고 단단한 모양

144 음식명만 남아 있고, 본문이 유실된 상태이다.

오미자편

오미자편은 오미자 물에 (녹말 물을) 엉길 만큼 하여 끓여 다 되어갈 때 연지를 넣어 앵돌아지게[143] 하여 펴 굳혀야 곱다.

산사정과

산사를 꿀에 매우 조려 꿀 덩어리처럼 □□□□도 하고 상에도 놓으면 좋다.

증편 기주하는 법

福

주식방문
부록

노가재공댁 《주식방문》과 이본(異本)의 내용 비교 분석[1]

I. 서론

조선시대의 한자나 한문으로 남겨진 음식조리서는 《간본규합총서》를 제외하고 모두 필사본이다. 양반가에서 봉제사 접빈객을 위한 유교적 실천을 목적으로 저술한 사대부나 식치(食治)의 이념 실현을 위한 어의(御醫)는 한문필사본을 남겼고, 조리의 주체였던 여성은 주로 한글필사본을 남겼다(Cha 2013). 한글음식조리서는 약 45종이 전해진다. 이중 대부분은 저자나 저술연도가 불분명하고, 저자와 출처가 분명한 책은 《음식디미방》, 《閨閤叢書》, 《蘊酒法》, 《酒食是儀》, 《禹飮諸方》, 《주식방문》, 《음식방문》 등 7종 정도이다.

'주식방문'이라는 제목의 한글음식조리서는 현재 두 권이 전해지고 있다. 하나는 안동김씨 유와공 종가의 개인 소장본이고, 나머지 하나는 국립중앙도서관 소장본이다. 유와공 종가 소장본은 출처만 명확하고, 국립중앙도서관 소장본은 편찬 연대만 정확히 기록되어 있는 상태이다.

유와공 종가의 《주식방문》은 19세기 후반에 기록된 것으로 추정되는 저자 미상의 한글필사본의 음식조리서이다. 하지만 표지에 '안동김씨 노가재공댁', '유와공 종가 유품'이라는 묵서(墨書)가 있어 출처와 소장자가 분명한 책이다. 국립중앙도서관 소장본 역시 한글필사본으로, 저자는 미상이나 표지 오른쪽에 '정미년 이월달에 베김'이라 기록되어 있다. 책을 베껴 쓴 때가 정미년(丁未年)이면 헌종(憲宗) 13년 1847년과 고종(高宗) 44년인 1907년인데, 글씨체가 노가재공댁의 《주식방문》에 비해 비교적 현대어에 가깝고, 일정한 것으로 보아 1907년에 다른 책을 보고 다시 베낀 것으로 추정된다. 하지만 보고 쓴 책이 노가재공댁의 《주식방문》인지는 단정할 수가 없다. 기록된 양은 노가재공댁의 《주식방문》이 국립중앙도서관 소장본의 두 배 분량이다. 국립중앙도서관 소장본은 전체 내용의 85.42%가 노가재공댁의 《주식방문》과 동일하다. 그러므로 두 책은 제목뿐만 아니라 내용면에서도 유기적인 관계를 가지고 있으므로 비교 연구가 필요하다고 생각된다.

본고는 노가재공댁 《주식방문》과 국립중앙도서관 소장본을 서로 비교하여 두 책이 가지는 서지학적

1 본고는 2016년도 한국식생활문화학회지 31권 42호에 발표된 논문의 일부임

인 특징과 소장 가문의 내력에 따른 내용의 특성, 기록된 내용을 조리학적으로 분석하는 데 그 목적이 있다. 필자는 한국학중앙연구원에 소장된 필름 자료를 통해 두 책을 접하게 되었으며, 먼저 한글고어를 연구하는 국어학자들과 고문헌을 연구하는 조리학자들과 함께 원문의 현대어 번역과 언어적 고찰을 하였다(Back 2014). 그리고 현대어를 바탕으로 기록된 음식의 조리학적 분석을 하였다. 본문 중 내용이 일부 유실된 부분은 당대의 다른 음식조리서들과 비교하여 고찰하였다.

II. 연구내용 및 방법

1. 연구 대상 문헌

노가재공댁 《주식방문》은 현재 대전 양근(陽根) 안동 김씨 유와공 종택에 소장되어 있다. 본연구는 2003년에 국학진흥연구사업으로 진행된 고문서 조사과정 중 한국학중앙연구원의 전신인 한국정신문화연구원에서 촬영된 마이크로필름과 그 내용을 책으로 엮은 Kim & Jung(2003)의 《고문서집성》 64권 수록 내용을 토대로 진행하였다. 국립중앙도서관에 소장된 《주식방문》도 촬영된 마이크로필름을 이용하였다. 내용의 분석을 위해 현재 전해지는 조선시대 고조리서와 선행연구논문(Cha 2003; Cha 2012; Cha 2013; Cha & Yu 2014) 중 동일 항목의 재료 및 조리법을 비교 고찰하였다.

2. 연구방법 및 세부주제 분류

본연구 문헌에 기록된 자료는 내용분석(content analysis) 기법을 이용하였다(Yu & Kim ed. 1995). 내용분석을 위해 연구목적에 부합되도록 유목을 분류하였다. 유목은 조리서의 형태 및 구성, 기록된 조리법, 음식명과 내용에 따른 주 · 부식 분류, 사용된 식재료, 조리기술, 계량단위 및 조리도구 등을 분석단위로 하였다.

III. 결과 및 고찰

1. 《주식방문》의 서지정보

노가재공댁의 《주식방문》은 19세기 후반에 기록된 것으로 추정되는 작자 미상의 한글필사본 음식조리서이다. 겉장인 표지에 백지 한지가 덧씌워져 있고, 책을 묶은 실끈은 보이지 않는다. 책의 크기는 가로 17.4cm, 세로 32.5cm이고, 앞뒤 표지를 포함하여 총 27장이다. 표지에는 다른 종이에 '쥬식방문'이라고 써서 왼쪽에 제첨(題簽)되어 있다. 표지의 오른쪽에는 세 줄에 걸쳐 '안동김씨 노가재공댁', '유와공 종가 유품', '(猶窩公 宗家 遺品)'이라 기록되어 있다. 표지의 내용은 글씨체가 같은 것으로 보아 한 사람이 쓴 것으로 보인다.

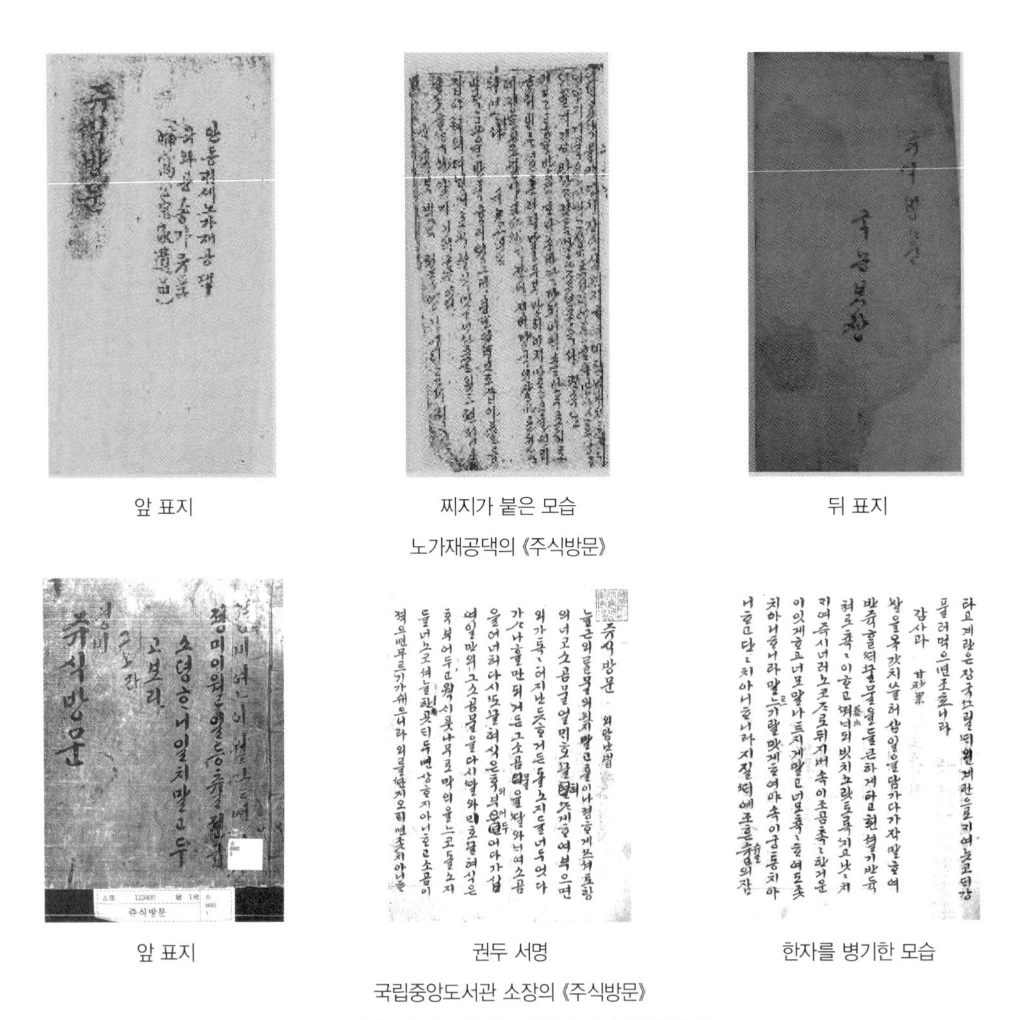

앞 표지 / 찌지가 붙은 모습 / 뒤 표지

노가재공댁의 《주식방문》

앞 표지 / 권두 서명 / 한자를 병기한 모습

국립중앙도서관 소장의 《주식방문》

그림 1. **노가재공댁과 국립중앙도서관 소장 《주식방문》의 비교**

노가재공댁본의 권두 서명은 '쥬식방문', 권말 서명은 '쥬식방문 국농보장'이다. 국농보장의 의미에 대해선 알 길이 없다. 책의 본문 상단에는 작은 찌지가 전 장에 걸쳐 59개 붙어 있는데, 음식명이 시작되는 부분이지만 모든 음식명에 모두 붙어 있는 것은 아니었다. 본문의 첫 장과 24~25장 하단에는 손상된 부분이 있고, 내용 일부가 유실되어 있다. 본문은 무계(無界)이나, 11번째 장인 21~22쪽에 세로줄과 가로줄 선이 희미하게 보인다. 1쪽당 11~12행의 글이 있으며, 1행에 21~24자가 기록되어 있다.

내용은 한지에 한글 행서체로 기록되어 있는데, 다소 흘려 쓴 글씨이다. 본문의 마지막 3장은 글씨가 두꺼운 것으로 보아 필기구의 변화가 있었던 것으로 보이나, 글자체가 같아 한 사람이 계속 쓴 것으로 추정된다. 책에는 저술연대에 대한 정보가 전혀 없다. 하지만, 기록된 내용 중 음식물이나 계량도구, 조리 동사와 조리 부사의 어휘적 특성상 구개음화 전과 원순모음화 전인 1800년대 말로 추정된다. 보다 정확한 저술연대에 대해선 국어학적인 연구가 더 필요하고 생각된다.

국립중앙도서관 소장본은 역시 한글필사본으로, 저자는 미상이나 편찬연대는 분명하다. 표지를 제외하고, 30쪽에 걸쳐 술과 음식을 만드는 법이 기록되어 있다. 크기는 가로 20.8cm이고 세로가 24.7cm이다. 본문은 무계이고, 1쪽당 10행의 글이 있으며, 1행에 17~22자가 기록되어 있다. 표지 오른쪽에 실끈으로 다섯 군데를 묶어 제본한 것이 뚜렷하게 보이고, 오침표지 오른쪽에서부터 '정미년 이월달에 베김', '정미 이월 일 등츌 젼급', '소뎡ᄒᆞ니 일치 말고 두고 보라'라고 세 줄에 걸쳐 기록되어 있다. 등츌은 무엇인가를 베껴 썼다는 말로 등초(謄抄)와 같은 뜻이다. 전급(傳及)은 '전하여 미치게 한다.'는 의미이다. 저자는 내용을 베껴 쓰고, 소중하니 잃어버리지 말고 두고 보라는 당부를 표지에 적었던 것이다. 표지의 왼쪽에는 '쥬식방문'이라는 서명이 있다. 본문에는 음식을 설명할 때 '○' 표를 붙였고, 22개의 음식엔 '연약과법 軟藥果法'처럼 한글 아래 한자를 부기하였다. 또, 감사과의 조리법에서 '…쪄내되 蒸出…'와 같이 본문 중 한글 설명이 부족하다 생각된 부분에는 가는 붓으로 작게 한자를 부기하였다. 내용을 베껴 쓸 때 틀린 글자는 크게 동그라미를 하고, 바로 옆이나 아래에 다시 명기하였다. 권두서명은 '쥬식방문'이다. 두 책 모두 처음을 과동외지히법, 지금 쓰는 외김치법, 생치김치법, 청장법 순으로 시작하고 있었다.

2. 《주식방문》의 특징과 가치

노가재공댁 《주식방문》의 본문 내용은 25장, 즉 50쪽에 걸쳐 조리법만 기록되어 있다. 총 104종의 음식이 118회 기록되어 있었다. 주식류가 11종, 찬물류가 54종, 떡류가 7종, 과정류가 20종, 양념류가 5종, 술 6종과 술을 빚는 데 필요한 서김 1종이었다. 이중 증편이 4회, 고추장이 3회, 즙지히, 두텁떡, 동아정과, 연동아정과, 연약과, 강정, 중박계, 연사과, 요화, 열구자탕, 송이찜 등 11종은 2회씩 중복 기록되

표 1 **노가재공댁본과 국립중앙도서관본 《주식방문》에 기록된 음식 비교**

	주식류	부식류	떡류	과정류	음청류	양념류	주류	항목 수	기록된 횟수
노가재 공댁본	11	54/56[1]	7/11	20/27	–	7	7	104	118
국립중앙 도서관본	6	23	2/3	11	–	2	6	50	51

1) 음식 항목/기록된 음식 횟수

어 있었다. 송이찜은 연달아 같은 내용이 반복 기재되어 있었고, 다른 음식은 간격을 두고 기록되어 있었다. 본문의 내용은 침채류 → 양념류 → 찬물류 → 과정류 → 찬물류 → 과정류 → 주식류 → 찬물류 등으로 기술 순서가 일관되지 않아 필자가 틈틈이 생각나는 대로 기록한 것으로 보인다. 국립중앙도서관본은 총 50종의 음식이 51회 기록되어 있었다. 주식류가 6종, 찬물류가 23종, 떡류가 2종, 과정류가 11종, 양념류가 2종, 술 6종이었다. 이 중 증편은 2회 기록되어 있었고, 계탕(鷄湯)은 2회였으나, 다른 내용이었다. 청명주, 삼해주, 백화춘, 칠일주, 연일주, 송순주의 술 6종과 엿 고는 법을 제외한 42종의 음식이 노가재공댁본과 동일하였다. 두 책 모두 음청류(飮淸類)에 대한 기록은 없었다.

찬물류의 조리법으로 노가재공댁본은 찜류가 비교적 많았고, 국립중앙도서관본은 탕류와 찜류가 많았다. 식품으로 닭고기를 주재료로 한 음식이 10가지로 가장 많았고, 부재료로도 애용되었다. 노가재공댁본 중 글자가 유실된 '□□계법'은 국립중앙도서관본의 '계탕'과 같은 음식이었는데, 붕어전과 함께 술안주에 좋다고 한 것으로 보아 접빈객을 위한 음식임을 알 수 있었다. 그 외 동물성식품으로는 돼지고기와 꿩고기가, 식물성 식품으로는 외, 가지, 동아와 배추가 많이 쓰였다. 외를 이용한 침채류는 9종이나 되어 당시 저장용 절임음식의 가장 중요한 재료였던 것으로 판단된다.

노가재공댁본의 표지에 기록된 노가재(老稼齋)는 조선 후기 문인이자 화가였던 김창업(金昌業, 1658~1721)의 호이다. 김창업은 조선 후기 유학자이며, 노론의 실세로 영의정을 지낸 김수항(金壽恒, 1629-1689)의 아들이다. 어려서부터 평생을 재야에서 문인으로 활동하였으나, 시문(詩文)에 능하였고, 특히 우리나라 진경산수화에 영향을 미칠 정도의 실력을 갖춘 화가였다. 형 김창집(金昌集, 1648-1722)이 1712년 사은사(謝恩使)로 청나라에 갈 때에 함께 연경(燕京)에 다녀와 쓴 기행문인 《老稼齋燕行日記》는 연행록 중의 백미로 평가되고 있다(The academy of Korean studies 2016). 그 영향인지 《주식방문》에는 북경시시탕, 북경분탕과 같이 청나라에서 경험한 음식이 기록되어 있다. 따라서 북경에서의 시식 경험을 살려 집으로 돌아와서도 기록하고 즐겨 해 먹었던 것으로 생각된다. 또한 청장 송도법, 연약과 수원법 같은 지역의 유명 음식이 언급된 점이 특이할 만하다.

유와공은 김이익(金履翼, 1743-1830)의 호로, 김창업의 증손자이다. 이 가계는 조선을 통틀어 가장 많은 정승을 배출한 명문가이다. 김창업의 6대조 김번(金璠, 1479-1544)이 백악산 아래 장동에 기반을 마련한 이래 지위가 상승하면서 안국동, 옥류동 등 여러 지역에 제택(諸宅)을 두고 서울과 양주의 석실에 기반을 둔 경화세족(京華世族)이었다. 그중 오늘날 서울 종로구 옥인동 부근인 옥류동의 육창헌(六青軒)은 후일 김창업 형제의 출생지가 되었다(Kim & Jung 2003). 국혼(國婚)이나 당대 최고의 명문가들과의 혼인으로 가문은 더욱 번성했고, 화려한 저택이나 누정을 건립하여 상류문화를 향유하였다. 김창업은 주로 서울에서 활동하였으나, 손자 김이익 대에 경기도 양근(楊根)으로 이주를 했다가 다시 김이익의 손자 대에 충청도 영동으로 이주를 하였다. 그로부터 지금까지 김이익의 후손들은 충청도에 거주하고 있다(Kim & Jung 2003). 그러므로 《주식방문》은 서울, 경기도, 충청도 지역을 배경으로 하고 있을 것으로 보인다. 《주식방문》을 비롯한 노가재공댁의 고문헌 자료는 2003년 한국학중앙연구원에서 조사할 당시 김이익의 7세손인 김태진(金泰鎭)의 소장이었다. 그러므로 저자는 명확치 않으나, 안동김씨 노가재공댁의 누군가로 추정된다.

3. 《주식방문》의 내용

3.1 음식의 종류

3.1.1 주식류(主食類)

《주식방문》의 두 책에 기록된 주식류는 표 2와 같다. 노가재공댁본은 죽, 국수, 만두가 11종이, 국립중앙도서관본은 6종이 기록되어 있었다. 죽은 잣죽과 대추죽으로 2종이었고, 국수는 국수비빔, 북경분탕은 공통이었고, 노가재공댁본은 콩국수와 냉면이 더 기록되어 있었다. 만두는 편수와 양만두는 공통이었고, 노가재공댁본에는 냉만두, 생치만두, 수교의가 더 있었다.

먼저 잣죽은 백미와 잣을 1 : 1의 분량으로 쑤는 죽으로 백미를 불리고 잣을 갈아 쑨다고 하였으나, 불린 백미와 잣을 같이 간 것으로 보인다. 《是議全書》에는 불린 쌀에 잣을 섞어 아주 곱게 갈아 가는 체에 걸러 쑤고 꿀도 곁들이라고 하였다. 대추죽은 대추와 팥을 동량의 분량으로 끓인 죽으로 대추와 팥을 간 것을 먼저 넣고 끓인 후 심을 넣어 달인다고 하였다. 심은 곡식가루를 물로 반죽하여 뭉쳐서 넣는 새알심 따위를 말한다. 《婦人必知》에는 생강즙으로 반죽한 새알을 넣으면 좋다고 하였다.

국수비빔은 돼지고기, 쇠고기 양지머리, 미나리 등을 넣어 국수와 비비고, 달걀, 석이, 표고 등을 고명으로 얹은 비빔국수였다. 노가재공댁본에서는 도라지와 좋은 배추김치 흰 대를 함께 넣으면 좋다고 하였다. 《주식방문》에는 비빔국수용 면에 대한 언급이 없었으나, 《婦人必知》에는 '발 잘고 질긴 국수를 그릇에 한 켜 한 켜 놓는다.'고 하였다. 북경분탕은 돼지고기와 수면을 끓는 장국에 넣어 만든 온면으로, 북경분탕이라는 이름으로 보아 중국에서 먹는 음식임을 알 수 있다. 분탕은 연행을 간 조선인들이 북경에서 즐겨 사먹었던 음식이었다. 노가재 김창업은 《燕行日記》에서 우리나라 국수와 같은 음식으로, 간장을 치고 달걀을 넣은 것인데 북경에서 맛이 가장 좋은 것이라고 하였다. 서유문(徐有聞)은 《戊午燕行錄》에서 돼지고기 끓인 국에 국수를 만것이 분탕인데 가장 먹음직하다고 하여 타향길의 조선인들 입맛에 잘 맞았던 것으로 보인다. 국립중앙도서관본에서는 북경수면탕(北京水麵湯)으로 음식명이 달랐다. 우리나라의 경우 수면은 삼짇날 먹는 음식 중의 하나로 녹두로 국수를 만드는데 붉은 물을 들이고, 꿀물을 타서 먹었다(Lee SH 1969). 국립중앙도서관본에서는 양념에 대한 언급이 없었으나, 노가재공댁본에서는 분탕에 파, 마늘, 천초를 넣어 양념을 하여 먹는다고 하였다. 오늘날의 콩국수는 콩을 간 국물에 밀국수를 말아 먹는 것을 말하지만, 《주식방문》의 콩국수는 콩가루가 들어간 면으로 만든 국수였다. 곱게 체친 밀가루에 생콩가루를 3 : 1의 비율로 섞어 익반죽을 한 후 얇게 밀고 썰어 삶아서 장국이나 깻국에 낸다고 하였다. 냉면은 꿀을 넣어 담근 김치 국물에 면을 말아먹는 국수였다. '국수는 따뜻한 물에 흩어서'라고 국수를 삶는 법이 기록되어 있었다. 윤씨 《飮食法》, 《음식방문》, 《婦人必知》 등에서는 유자를 넣고, 《是議全書》에는 고춧가루를 넣는 것이 다른 점이었다.

만두는 냉만두와 생치만두는 굴린만두이고, 편수와 수교의는 밀가루로, 양만두는 소양으로 만두피를 한 만두이다. 냉만두는 이름에서 알 수 있듯이 차게 먹는 여름 만두로, 노가재공댁본 《주식방문》에만 기록되어 있는 음식이었다. 돼지고기 소에 메밀가루와 녹말을 반반씩 섞은 가루를 붙여 삶아낸 만두피가 없는 굴린만두이다. 삶아 낸 만두를 얼음으로 차게 하여 초간장에 생강과 파를 넣어 찍어 먹었다. 여름에 얼음을 쓸 정도의 여유를 갖춘 집안의 음식임을 알 수 있다. 생치만두는 생 꿩고기를 곱게 다져서 만두소 같이 만들어 달걀을 묻혀 간장국에 끓여낸 만두이다. 냉만두에 비해 뜨거운 국물과 함께 먹는 것이 특징이다. 편수는 만두소에 대한 언급은 없이 배추를 넣지 말고 두부를 많이 넣지 말라고만 하였다. 수교의는 밀가루를 반죽하여 얇게 밀어 만든 만두피를 주름을 잡아 만드는데 소는 오이로 전병소를 만들 듯 한다고 하였다. 국립중앙도서관본의 편수를 '일명 수교의' 라 한다고 하였는데, 빚는 모양이 오히려 노가재공댁본의 수교의에 가깝다. 노가재공댁본에서는 편수는 네 귀를 잡아 소가 빠지지 않게 집는 것에 비해 수교의는 모두 잡아 소가 빠지지 않게 집는다고 하였기 때문이다. 《是議全書》에는 밀만두가 일명 편수라 하였고, 《음식방문》과 《酒食是儀》에는 귀를 잡아 빚는 것을 변씨만두로 소개되어 있었다. 양만두는 얇게 저민 양깃머리에 만두소를 싸서 삶아낸 만두이다. 양깃머리의 접착을 위해 실을 이용하여 꿰매고 녹말을 묻혔다. 양깃머리는 소의 첫 번째 위인 양의 두꺼운 '깃머리' 부분을 말하는데 부드러우면서도 씹히는 맛이 있다. 조선시대에는 왕실이나 사대부가에서 푹 다린 양즙을 보양식으로 이용하였다(Ju & Kim 2012).

3.1.2 찬물류(饌物類)

찬물류로는 노가재공댁본은 국 9종, 찌개 1종, 전골 2종, 찜 16종, 구이나 적 1종, 전 3종, 느르미 2종, 볶

표 2 **노가재공댁본과 국립중앙도서관본 《주식방문》에 기록된 주식류 비교**

	음식명	노가재공댁본	국립중앙도서관본	비고
죽	잣죽	○	○	
	대추죽	○	○	
국수	국수비빔	○	○	
	콩국수	○	–	
	냉면	○	–	
	북경분탕	○	○	북경수면탕
만두	편수	○	○	
	수교의	○	–	
	냉만두	○	–	
	양만두	○	○	
	생치만두	○	–	
합계	11	6		

음 1종, 선 4종, 회 1종, 족편 2종, 침채류 12종으로 총 54종이었고, 송이찜과 열구자탕이 2회 기록되어 있었다. 국립중앙도서관본은 국 7종, 찌개 1종, 찜 7종, 구이나 적 1종, 전 1종, 볶음 1종, 선 1종, 회 1종, 침채류 3종으로 총 22종이었고, 계탕(鷄湯)이 2회 기록되어 있었으나, 노가재공댁본과 대조한 결과 하나는 노가재공댁본의 닭탕법과 같았고, 다른 하나는 노가재공댁본의 글자가 유실되어 음식명이 명확히 보이지 않는 ㅁㅁ계법과 같은 조리법으로, 동일한 음식으로 판단된다. 따라서, 앞에 기록된 계탕은 국류였고, 뒤에 기록된 계탕은 찜으로 보는 것이 타당하겠다. 국립중앙도서관본은 노가재공댁본에 비해 느르미와 족편에 대한 조리법은 없었다.

① 국은 간막이탕, 게탕, 굴탕, 닭탕, 북경시시탕, 진주탕, 청어소탕이 있었고, 노가재공댁본에만 금화탕과 초계탕이 더 있었다. 간막이탕은 돼지 아기집에 고기와 버섯을 넣고 깻국을 걸러 먹는 탕이다. 간막이탕은 조선시대 반가의 음식조리서 중 유일하게 《주식방문》에만 기록되어 있었는데, 《園幸乙卯整理儀軌》에도 그 기록이 있는 궁중음식이었다. 화성에서의 잔치를 마치고 돌아오는 윤2월 15일, 자궁(慈宮)께 올리는 주다소반과(晝茶小盤果)에 간막기탕(間莫只湯)이 기록되어 있다. 재료와 분량은 돼지간막기(猪間莫只) 1부(部), 쇠고기(黃肉) 1근(斤), 묵은 닭(陳鷄) $\frac{1}{2}$수(首), 달걀 15개, 참기름 2홉, 후춧가루 1작(夕), 잣 1작, 해수(醢水) 1홉이었다. 즉 돼지간막기를 돼지아기집으로 볼 수 있겠다. 게탕은 게의 검은 장과 누른 장에 기름, 장, 파, 후춧가루를 넣어 섞어서 먼저 찐 다음 썰고, 송이, 꿩고기, 순무를 넣어 끓인 맑은 국에 찐 게를 넣어 끓이는 국이었다. 《주방문》에 비해 송이와 꿩고기가 더 들어가고, 《婦人必知》에는 달걀을 풀어 넣었다. 굴탕은 굴과 머리골을 각각 지지고, 해삼과 돼지고기를 삶고, 달

걀을 함께 넣어 끓이는 음식이었다. 닭탕법은 국립중앙도서관본에는 계탕(鷄湯)이라고 기록되어 있었다. 암탉에 물을 부어 반이 되도록 무르게 고고, 계란, 기름, 간장, 파 등을 넣어 끓인 음식이었다. 북경시시탕은 말 그대로 북경에서 먹는 돼지고기 탕이다. 돼지고기를 삶아내고 국물에 양념을 미탕처럼 하여 흰밥을 말아먹기도 한다는 것으로 보아 돼지국밥을 연상케 한다. 국립중앙도서관본에는 같은 내용이 '저육탕(猪肉湯)'으로 기록되어 있었고, '一名北京豕豕湯'이라고 한자로도 부기되어 있었다. 진주탕은 닭고기와 꿩고기를 팥알만큼씩 썰어 메밀가루에 묻혀 간장국에 삶아 석이, 생강, 표고를 넣어 끓인 국이다. 팥알만큼 썰어 익힌 고기가 마치 진주처럼 보인다하여 붙여진 이름인 것 같다. 국립중앙도서관본에서는 재료와 방법은 같으나, 닭이나 꿩고기나 고기를 골패쪽 만큼 썬다고 하여 고기류를 써는 방법이 달랐다. 《술 만드는 법》에 기록된 진주탕이 숭어 같은 생선을 이용한 것과는 차이가 있었다. 청어소탕은 청어는 2-3토막으로 내고, 청어알과 이리, 돼지고기나 쇠고기를 넣어 양념하여 소를 만들고 이것을 청어알이 있던 배에 다시 채워 넣은 후 달걀을 씌워 지진다. 장국을 끓여 지진 청어를 넣고 마지막에 밀가루를 약간 풀어 마무리하는 국이었다. 청어의 알과 이리를 이용한 정성이 많이 들어가는 음식이었다. 금화탕은 닭 2-3마리를 사지를 뜨고 줄로 잘라 기름으로 먼저 지지고, 간장국을 넉넉히 부어, 토란, 표고, 박오가리, 석이, 고사리, 동아를 넣어 오래 달여서 나물이 무르게 익으면 밀가루를 치고, 후추와 천초양념을 한다. 금화탕은 《園幸乙卯整理儀軌》나 《음식방문》의 금중탕과 유사한 방법이나 토란, 표고, 고사리, 동아 등의 채소가 더 많이 들어간 조리법이었다. 초계탕은 '그저초계탕'으로 기록되어 있었다. 닭 손질법이나 가열을 하는 단계에 대한 설명은 생략되어 있으나, 닭을 삶을 때 도라지, 박오가리, 오이, 달걀 등을 넣고 식초를 알맞게 치라고 하였다. 《園幸乙卯整理儀軌》에의 초계탕에 비해 도라지나 박오가리, 오이 같은 채소가 더 첨가되었다.

② 찌개는 저육장 1종이었다. 저육장방이라고 기록되어 있었는데, 생돼지고기를 모나게 썰어 기름에 볶고, 두부를 넣어 젓국으로 간을 하여 끓인다고 하였다. 전골은 승기야탕과 열구자탕 2종이었는데 열구자탕은 2회 기록되어 있었다. 그 맛이 뛰어나 기생이나 음악보다 낫다는 승기악탕(勝妓樂湯)은 '승기야탕'으로 기록되어 있었다. 조리법은 도미, 숭어, 좋은 생선, 쇠골, 양깃머리, 생복, 꿩고기를 모두 저며 지진다. 돼지고기를 넣어도 좋다. 낙지, 전복, 홍합, 해삼을 실하여 썰고, 진계(陳鷄) 오래 고아 건지는 건져내고, 그 물에 간장을 탄다. 닭 육수에 다시마, 순무, 박오가리, 도라지, 배추, 고비, 고사리를 모두 1치씩 잘라 두어 소끔 끓이다가 여러 가지 고기를 넣고 무르게 달인다. 천초 1줌을 넣고, 달걀을 두껍게 부쳐 썰어 왼 파를 나물 길이와 같이 잘라 넣어 달인다. 먹을 때 왼 잣을 뿌린다. 이학규(李學逵, 1770-1835)의 《金官竹枝詞》에 따르면 신선로로 끓여 먹는 승가기(勝佳妓)라는 고기국은 본디 일본으로부터 전래된 것이라 하였고(Cha 2012), 이씨 《飮食法》에서도 "이것이 왜관(倭館) 음식으로 기악(妓樂)보다 낫다 하니, 고추장을 조금 뿌려 쓴다."고 하였다. 때문에 우리나라의 음식조리서에는 일본의 스키야키(鋤燒, すきやき)를 음차한 표현으로 승기악탕의 음식명은 '승기야탕, 승가기탕, 승승기탕' 등으

로 혼용되어 전해진다. 궁중의 기록에서는 승기악탕(勝只樂湯)이라고 적고, 1848, 1877, 1887년의 궁중 잔치에 차려졌으며, 27-34가지의 재료가 사용되었다(Cha 2012). 《閨閣叢書》, 《李氏飮食法》, 《酒食是儀》 등 1800년대 중반까지의 기록에서는 주재료가 닭고기였으나 이후 숭어로 변화하였고, 《주식방문》에서도 생선류가 주를 이루고 있었다.

열구자탕은 22가지의 재료가 들어가는 음식으로, 먼저 지진 고기와 해산물을 열구자탕 그릇에 담고, 그 위에 달걀을 씌워 지진 각색 고명거리를 올리고, 떡과 견과류를 올려 뜨거운 장국을 부어 끓이면서 먹는 즉석음식이다. 삶은 꿩고기, 삶은 양, 익힌 무, 곤자소니, 돼지고기 새끼집은 삶아 썰어 기름에 지지고, 생양깃머리는 볶고, 해삼, 전복, 닭, 박오가리도 넣었다. 열구자탕 건지를 열구자 그릇에 국건지를 알맞게 담는다. 생선, 꿀 송편만큼 빚은 어만두, 석이버섯, 데친 미나리와 파를 각각 달걀을 씌워 지진 것과 표고버섯 썰어 지진 것, 통구나 새옹에 구리돈이나 주석 자물쇠를 넣어 삶아 파랗게 된 다시마를 썰어 지진 것, 황백지단, 쑥을 넣은 지단 등을 두둑이 썰어 고명으로 올린다. 돼지고기와 두부를 넣어 만든 완자, 좋은 권모를 썰어 지져 넣고, 은행을 실하여 넣고 호두도 실하여 올린다. 여기서 권모(拳模)는 흰 골무떡을 말한다. 생꿩고기와 고기를 삶은 장국을 따로 하여 그릇에 담고, 장국을 부어 불을 놓는다. 그 남은 건지는 쟁반이나 왜반에 곱게 여러 겹으로 쌓아 담아낸다. 뒤의 반복된 기록에서는 고추를 고명으로 올리기도 하였다. 여기에 사용된 고명으로 주목할 만한 것은 쑥지단이다. 애탕에 쓰는 쑥도 말갛게 씻어 쪄서 달걀을 씌워 두둑이 지져 썰어 넣는다고 하였다. 《是議全書》에서 게의 검은 장을 난백에 섞어 부치면 빛이 주홍 같다고 한 것처럼 달걀에 색을 낼 수 있는 재료를 섞어 각색 고명으로 활용한 선조들의 지혜가 돋보인다. 찌개는 두 책이 공통으로 기록되어 있었으나, 국립중앙도서관본에는 전골류는 없었다.

③ 찜은 물가지찜, 붕어찜, 송이찜, 생복찜, 생치찜, 양소편, 양찜, 양편, 오계찜, 저편, 전동아찜, 죽순찜, 칠계탕, 칠영계, 천초계, ㅁㅁ계법 등 16종이었다. 이중 물가지찜, 죽순찜, 송이짐, 전동아찜, 생치찜, 칠영계, 천초계는 노가재공댁본에만 기록되어 있었다. 물가지찜은 물가지를 벗겨 가운데 잘라 열십자로 그어 꿩고기나 온갖 양념을 넣어 놋그릇에 담고 밀가루 걸게 말고 찐 음식이었다. 붕어찜은 붕어에 닭고기나 꿩고기를 이용하여 기름장을 치고 파, 마늘, 후춧가루, 밀가루 조금 넣고, 달걀을 넣어 조금 질게 소를 만들어 넣고 지진 음식이었다. 지질 때 노구 바닥에 수수대나 싸릿대를 놓고, 기름과 깻국을 잠길 만큼 넉넉히 부어 푹 끓인 후 가루즙을 한다고 하였다. 붕어를 지질 때에 수수대나 싸리를 까는 이유는 붕어가 노구 바닥에 붙지 않고 마음껏 지지기를 위함이라 이유를 밝혔다. 송이찜은 연달아 두 번 기록되어 있었는데 그 내용이 동일하였고, 동자송이의 껍질을 벗긴 후 열십자로 잘라 꿩고기 소를 채우는 가지찜과 같은 방법이었다. 동자송이라 하여 갓이 피지 않은 어린 송이를 이용하였음을 알 수 있다. 생복찜은 두 문헌에 차이가 있었다. 노가재공댁본은 "싱복씸을 가 오리고 녑흘 드는 칼노 소 녀흘 만치 버히고 만도소를 가득이 녀허 뵈예 빠 쪄 즙 언져 쓰ᄂᆞ니라." 즉 생복찜은 생복의 가장자리

를 오리고 옆을 (잘) 드는 칼로 소 넣을 만큼 베고, 만두소를 가득히 넣어 베보에 싸 쪄내어 (베보를 풀고) 즙을 얹어 쓴다고 하였다. 그러나 국립중앙도서관본에서는 'ᄉᆡᆼ복짐 生全ㅏ짐'은 "ᄉᆡᆼ전복과 ᄉᆡᆼ가오리을 드난 칼노 ᄇᆡ을 갈나 소을 너흘 만치 궁걸 ᄂᆡ고 고기와 두부을 두다려 만도소갓치 ᄒᆞ여 속의 늣코 베보자기를 폐여 노코 실우 우의 쪄셔 먹난이라" 라고 하여 생전복과 생가오리를 (잘) 드는 칼로 배를 갈라 소를 넣을 만큼 구멍을 낸다. 고기와 두부를 다져서 만두소 같이하여 속에 넣는다. 베보자기를 펴 놓고 시루 위에 쪄서 먹는다고하여 전복의 가장자리를 염접하여 하는 방법인지 전복과 가오리를 함께 쓰는 것이지 불분명하였다. 생치찜은 꿩고기 다리를 각을 떠서 뼈를 발라내고, 고기소를 넣어 다시 다리 모양이 있도록 만들어 가루를 약간 묻혀 달걀을 씌워 기름에 지진다. 박오가리와 무를 잡탕처럼 썰어 무르게 하고, 국물을 맛있게 하여 잠깐 끓이고, 위에 달걀, 표고버섯, 석이버섯, 미나리, 숙주를 얹은 음식이었다.

양소편은 양의 검은 껍질을 벗기고, 좋은 암탉과 전복, 해삼을 매우 불려 그 양에 넣어 싸고 바늘로 감쳐 맹물에 무르녹도록 고아, 푹 무르면 간장으로 삼삼이 간을 하고 오래 끓인 음식이다. 양찜은 양소편과 유사하나 전복이나 해삼 대신 배추와 순무를 넣고 여러 번 단단히 싸매어 큰 솥 안에 넣고, 질소라(陶所羅), 즉 소래기로 덮은 후 가를 틈 없이 흙으로 발라 뭉근히 곤 음식이었다. 오래 끓이면 닭의 뼈가 다 녹는 듯하고 양 맛이 더욱 좋다고 하였다. 양편은 양을 깨끗하게 껍질을 벗겨서 하얗게 하고, 속의 기름기도 제거한다. 가장 좋은 닭 하나를 속을 비우고 깨끗하게 손질하여 천초를 넣고 양에 싸서 항아리에 넣고 기름과 장으로 간을 하고 국을 부어 항아리에 노불을 곤다. 항아리에 넣어 고면 빛이 옥같이 곱고 깨끗하다. 양이 무르녹아 좋으면 내어 약과만큼 썰고, 후추, 생강, 잣을 두드려 얹어 쓴다고 하였다. 오계찜은 오계의 안집에 쇠고기, 후추, 잣, 파, 생강, 감장, 깨소금을 넣어 소가 빠지지 않게 한 후 시루에 찐 음식이었다.

저편은 돼지고기를 반 정도 익혀 나른하게 두드린 후 천초가루, 마늘, 파, 생강 넣고 녹말 넣어 다시 두드려 기름과 간장으로 간을 맞추고 뭉쳐서 어레미에 놓아 찐 음식이다. 초간장을 찍어 먹는다고 하였다. 전동아찜은 외만 한 전동아의 껍질을 벗기고, 꼭지를 작게 베어 속을 꺼내고 소를 가득 넣어 국물에 간을 맞추어 노구에 찐 음식이었다. 죽순찜은 연한 죽순을 삶아 물에 우린 후 가운데 마디를 파버리고, 고기소를 채워 넣어 쪄내면 되는데 느르미즙과 같이 해서 얹는다고 하였다. 칠계탕은 닭을 씻어 표고, 박오가리, 순무, 토란, 다시마, 도라지 등을 넣고 간장과 기름으로 양념한 후 항아리에 담아 중탕으로 끓이는 음식이다. 음식명에는 '탕'이 붙었으나, 국물에 대한 언급이 없고, 중탕하여 익히는 것으로 보아 찜으로 분류하는 것이 타당하겠다. 칠영계찜은 닭과 고기를 삶아 찢고, 도라지, 미나리, 기름 양념을 한 음식이다. 《閨閣叢書》, 《閨壼要覽》, 《음식방문》 등에 기록된 칠향계의 변형인 듯하다. 천초계는 사지를 떠서 둘로 자른 닭을 항아리에 넣고, 기름, 식초, 술, 간장국, 천초를 넣어 항아리를 유지로 단단히 싸맨 후 중탕하여 무르녹게 고아 낸 음식이었다. ㅁㅁ계법은 가장자리의 마모된 부분이라 두 글자가 보이지 않는다. 그러나 국립중앙도서관본의 계탕과 조리법이 일치하였다. 암탉에 토란, 배추줄기, 전복, 해삼, 기름, 초간장국을 넣어 김나지 않게 막아 덮고 매우 끓인 음식으로, 닭찜의 일종이었다. 닭의 사지가 다 헤어질 만큼 오래 끓이고, 염담이 맞으면 술안주에 좋다고 하였다.

④ 구이/적은 잡산적 1종이었다. 머릿골을 전유같이 저며 끓는 물에 담거나 장국에나 넣어 데쳐 적꼬치에 살살 꿰어 밀가루 조금 뿌려 구운 음식이었다. 집신굴이나 파를 섞어 굽기도 하였다. 국립중앙도서관본에는 집신굴 옆에 '蹶名집신屈'이라는 표기가 있어 당시 굴의 한 종류로 생각되나 명확히 밝힐 수는 없었다.

⑤ 전은 붕어전, 간전, 닭회 3종이었다. 국립중앙도서관본에는 닭회(鷄膾)만 기록되어 있었다. 닭회는 닭고기 살을 저며 녹말을 묻히고, 지진 후 초간장에 찍어 먹는 음식이었다. 음식명은 닭회이나 조리법은 전이었다. 붕어전은 1치나 2치 정도 크기의 붕어를 깨끗이 씻어 간을 하고, 찹쌀가루나 녹말가루를 묻혀 기름에 지진 음식으로 술안주라고 하였다. 간전은 간을 얇게 저미고, 닭이나 꿩고기를 소로 양념을 넣어 볶아 어만두 싸듯 하여 녹말 묻혀 지진 음식이었다.

⑥ 느르미는 노가재공댁본에만 있었는데, 난느르미와 가지느름이 2종이었다. 난느르미는 달걀에 청주와 간장을 넣고 풀어서 그릇에 담아 익히고, 느르미 같이 꿰어 즙을 얹는 음식이었다. 가지느름이는 가지껍질을 벗기고 1치만큼씩 납죽납죽 썰어서 적꼬치에 꿰어 굽는데, 다진 고기를 섞은 즙을 발라 굽기도 하였다.

⑦ 볶음으로는 떡볶이가 있었고, 노가재공댁본과 국립중앙도서관본에 모두 기록되어 있었다. 떡을 잡탕 무보다 조금 굵게 썰어 장국을 맛나게 끓이고, 돼지고기, 미나리, 숙주, 도라지, 박오가리를 넣어 양념하여 볶아 낸다. 석이버섯과 표고버섯은 달걀에 부쳐 가늘게 썰어 얹었다.

⑧ 선은 문주는 공통이었고, 노가재공댁본에는 동과선, 겨자선, 배추선이 더 기록되어 있었다. 문주는 어린 호박을 둘이나 넷으로 갈라 표면에 칼집을 내고 고기양념을 넣어 익힌 음식인데, 맛난 고추장에 묽게 개어 바르고 기름을 발라 구우면 좋다고 하였다. 《주식방문》에서 유일하게 고추장을 넣어 조리한 음식이었다. 동과선은 센 동아의 가장자리를 잘라 곱게 썰고, 솥에 기름을 조금 두르고, 동아를 잠깐 볶는데 다진 생강과 마늘을 넣고, 좋은 식초를 섞어 그릇 가장자리에 둘러내면 좋다고 하였다. 겨자선은 동아를 잠깐 볶고, 겨자를 짭짤하게 개어 양념한 음식이었다. 배추선은 좋은 배추를 손가락 길이만큼 잘라 솥에 넣고, 기름을 쳐서 잠깐 볶는데, 이때 겨자를 조금 넣어 짭짤하게 하면 좋다고 하였다. 윤씨 《飮食法》에서는 배추 손질을 좋은 주걱배추 줄기 흰 것을 잠깐 데쳐서 실을 뽑아내고 반듯반듯 갸름하게 썰으라고 하였고, 반찬과 술안주에 다 좋다고 하여 널리 이용한 음식임을 알 수 있다.

⑨ 회로는 낙지회가 두 책에 모두 기록되어 있었다. 좋은 낙지를 끓는 물에 데쳐 껍질이 다 벗겨지면 강회 파회만큼 썰어 양념간장에 찍어 먹는 음식이었다. 낙지는 실같이 찢어 써도 좋다고 하였다. 낙지의 크기를 강회 파회 만큼이라고 하여 당시 즐겨 먹었기 때문에 조리법의 쉬운 예가 되었던 것으로 판

단된다.

⑩ 족편류는 노가재공댁본에만 기록되어 있었는데, 족편과 우족채 2종이었다. 족편과 우족채는 족을 무르게 고와 뼈를 추려내고 양념하여 굳힌 음식으로, 두 가지가 서로 우사하였는데, 우족채는 부재료로 닭고기나 꿩고기를 사용하여 굳힌 후 가늘게 썬 것이 달랐다. 《閨閤叢書》, 《음식방문》, 《是議全書》에서는 족편에 닭고기나 꿩고기가 들어가지만, 《주식방문》에서는 더 세분화되어 있었다. 《閨閤叢書》에서는 족을 고을 때 기름을 건으면 빛이 묽고 곱지 못하니 하나도 걷지 말 것을 당부하였다.

⑪ 침채류(沈菜類)는 과동외지히법, 지금 쓰는 외김치법, 생치김치법 3종이 공통으로 기록되어 있었고, 노가재공댁본에는 가지지히, 가지외지법, 물외지이, 산갓김치, 순무김치, 즙지히방문, 별즙지히법, 청과장법, 청지히법의 9종이 더 기록되어 있었다. 이 중 외를 주재료로 사용한 침채류가 6종, 부재료로 사용된 침채류가 3종으로, 외는 당시 침채류의 재료로 가장 일반적으로 사용되었음을 알 수 있었다.

과동외지히법은 겨울을 지날 수 있는 외지히를 담그는 법이라는 뜻이다. 늙은 외를 젖은 행주로 몸에 묻은 것을 모두 털고, 물기 없이 독에 차곡차곡 펄펄 끓인 짠 소금물을 부어서 외가 툭툭 터지는 듯하면 돌로 지즐러 둔다. 사나흘이 되면 외를 꺼내고, 소금물에 소금을 더 넣어 다시 끓여 식혀 붓고, 십여 일이 지나 또 끓여 식혀 붓고, 억새를 넣고 돌로 지즐러 뜨지 않게 하여 바깥에 두면 상치 않는다고 하였다. 짜고 싱겁기는 장 담는 것과 같으니 알 맞추어 한다. 소금이 적으면 무르고, 외를 딴지 오랜 것을 하면 쇠여 연하지 않다고 하였다. 소금물을 짜게 하여 세 번을 끓여 붓고, 날물기가 없이 하면 장기간 보관을 할 수 있는 방법이다. 이 방법대로 하되 간을 슴슴하게 하여 어린 외로 담가 동침이에도 넣는다고 하였다. 정확한 재료배합비를 명기한 다른 조리법에 비해 소금물의 배합비가 기록되지 않는 것이 아쉽다. 같은 조리법으로 국립중앙도서관본에서는 외담는 법이라는 음식명이었다. '즉시 쓰는 외침채법' 은 담가서 바로 먹을 수 있는 외침채를 말한다. 국립중앙도서관본에서는 '외김치 속히 먹는 법' 으로 기록되어 있었다. 외는 양쪽 끝을 잘라버리고, 고부지게 끓인 물로 잠깐 데쳐내고 바로 찬물로 씻어 더운 기운을 없앤다. 외에 칼집을 넣어 생강, 파, 마늘을 다져서 외속에 넣고, 끓여서 식힌 소금물로 삼삼하게 간을 맞추어 담는다고 하였다. 생치김치법은 외와 꿩고기를 썰어 각각 기름을 조금 쳐서 볶고, 속뜨물을 끓여 꿩고기 볶은 것을 넣고 한소끔 끓인다. 파 흰 대를 찢어 넣어 잠깐 끓여 내어 동침이국을 쳐서 맛을 맞추면 좋다고 하였다. 《酒食是儀》에서 꿩고기를 백숙으로 삶아 고기는 찢고, 국물은 기름기 없이 하여 동치미국이랑 섞는 것에 비해 꿩고기를 익히는 방법이 달랐다.

가지외지법은 젊은 가지와 외를 수건으로 씻어 잠깐 데쳐 적당한 항아리에 담고, 끓인 물에 소금을 타서 가득 부어 돌로 눌러두면 싱싱하고 봄이 지나도록 좋다고 하였다. 가지지히는 가을에 하는 것이라고 작게 기록되어 있었다. 가지를 씻어 물기 없앤 후 아래 위를 잘라 양끝에 소금을 많이 묻혀 항아리에 넣었다가 사흘 만에 냉수 부어 붉은 물이 우러나면 그 물을 쏟아 버리고, 다시 새 냉수를 가득 부어 돌로 눌러두면 한겨울에 써도 좋다고 하였다. 가지외지가 젊은 가지, 즉 어린가지를 이용하여 여름철에 담그는 것에 비해 가지지히는 좀 더 자라 단단해진 가지를 이용하여 그 보다 늦은 가을철에 담그는 침채였다. 물외지이는 찬이슬 맞은 외를 씻어 볕에 널었다가 물기 없을 만하거든 상하지 않게 차곡차곡 넣고, 나뭇가지나 억새로 항아리 부리를 막은 후 물 1동이 : 소금 1줌으로 끓여서 싸늘하게 식힌 소금물을 가득 붓는다. 더운 데 두지 말고, 겨울에 얼리지 않으면 2~3월 되도록 좋다고 하였다. 물외지이 조리법에서 물 1동이 : 소금 1줌이 '건건하게'라고 표현만큼 '짜게 풀어'라고 기록한 과동외지히의 소금물은 소금의 비율이 더 높을 것으로 추정된다.

산갓김치는 산갓을 씻어서 뿌리째 항아리에 넣고, 손을 넣어 데이지 않을 정도의 온도로 물을 데워 항아리에 부어 익힌 김치로, 냉수를 손에 쥐어 뿌려서 더운 방에 묻었다가 익으면 쓴다고 하였다. 산갓김치[山芥菹]는 《屠門大爵》에 처음 기록되어 있는데, 함경남도와 회양·평강 등지에서 모두 나는데 맵고도 산뜻하다고 하였다(Cha 2003). 《음식디미방》에는 산갓김치를 익힐 때 너무 더워서 산갓을 데워도 좋지 못하고, 덜 더워 익지 않아도 좋지 못하니, 구들이 너무 뜨거우면 단지를 옷가지로 싸서 익히고, 뜨겁지 않거든 솥에 중탕하여 익히라고 하였다(Andong Jang 1670). 산갓김치가 숙성되면서 매운 향미가 잘 발현될 수 있는 온도 유지를 강조한 대목이다. 《閨閤叢書》에서는 입춘 때 먹는 김치로, 봄뜻이 먼저 있는 고로 이름하여 보춘저(報春菹)라 한다고 하였다. 순무김치는 큰 순무는 1치 길이씩 토막 내어 열십자로 쪼개고, 작은 것은 그냥 열십자로 자른다. 저민 생강을 넣고, 간을 하여 잠깐 뒀다가 간이 배면 항아리에 넣는다. 깨소금을 베 헝겊에 싸 항아리 밑에 넣은 후 그 위에 간을 친 무를 넣어 소금국을 알맞게 하여 붓는다. 잘 익으면 맨입에 아무리 먹어도 싫지 않다고 하였다.

청지히법은 8월 20일을 전후하여 푸른 외를 따서 소금에 묻듯이 절이고, 이튿날에 외의 소금기를 제 물에 흔들어 씻어 항아리에 넣고, 그 국을 가라 앉혀 항아리에 붓고 생강을 다져 넣어 담는 법이었다. 청과장은 어린 청오이 하나를 2~3등분으로 잘라 베어 열십자로 갈라 끓는 물에 넣어 잠깐 데치고,사이에 부추를 볶아 끼운다. 간장을 게젓국처럼 달여 붓는데 저민 생강과 천초가루를 함께 넣어도 좋다. 오늘날 먹는 오이소박이와 유사하나, 고춧가루 양념이 아니라 게장을 담듯이 간장을 끓여 붓는 것이 달랐다. 즙지히방문에 기록된 즙지히용 메주를 만드는 법은 먼저 콩 4되를 2~3일을 물에 담가 거품이 일고 쉰내가 나면 기울이 2말과 섞어 시루에 담아 쪄서 찧어 잘게 쥐어 메주를 띄우는데 사나흘 후에 뿌옇게 뜨면 밑을 갈라 두고, 다시 사나흘 만에 햇볕에 대엿새를 말려 찧어 체로 친다고 하였다. 이 메주가루를 소금물에 반죽을 하는데, 기울 2말이면 소금 1되, 소금물에 절인 나물을 켜켜로 안친다. 손을 못 댈 정도로 뜨겁게 두엄을 띄워 즙지히를 묻고, 나흘 만에 식전에 내면 극진하다고 하였다. 별즙지히는 기울 대신 가을 보리쌀을 이용하여 만드는 법으로, 즙지히용 메주를 띄우는데 약 2주일이 걸리는 데 비해, 별즙지히는 세이레, 즉 21일이 소요되는 법이었다. 즙지히 재료배합도 별즙지히는 엿기름과 꿀, 기름, 간장국을 함께 넣어 세이레 동안 숙성하여 5배 이상 오래 숙성하는 별법이었다.

표 3 **노가재공댁본과 국립중앙도서관본 《주식방문》에 기록된 찬물류 비교**

	음식명	노가재공댁본	국립중앙도서관본	비고
국/탕	간막이탕	○	○	
	게탕	○	○	
	굴탕	○	○	
	금화탕	○	–	
	닭탕	○	○	계탕
	북경시시탕	○	○	저육탕
	청어소탕	○	○	
	진주탕	○	○	
	초계탕	○	–	
찌개	저육장방	○	○	
전골	승기야탕	○	–	
	열구자탕	○(2)[1]	–	
찜	붕어찜	○	○	
	저편	○	○	저육편
	생복찜	○	○	
	오계찜	○	○	
	양소편	○	○	
	양찜	○	○	
	양편	○	–	
	천초계	○	–	
	칠계탕	○	–	
	죽순찜	○	–	
	물가지찜	○	–	
	송이찜	○(2)	–	
	전동아찜	○	–	
	생치찜	○	–	
	칠영계찜	○	–	
	ㅁㅁ계법	○	○	계탕
구이	잡산적	○	○	
전	닭회	○	○	
	붕어전	○	–	
	간 지지는 법	○	–	
느르미	난느르미	○	–	
	가지느르미	○	–	
볶음	떡볶이	○	○	

선	문주법	○	○	
	동과선	○	–	
	겨자선	○	–	
	배추선	○	–	
회	낙지회	○	○	
족편	족편	○	–	
	우족채	○	–	
침채류	과동외지히법	○	○	외 담는 법
	지금 쓰는 외김치법	○	○	외김치 속히 먹는 법
	생치김치법	○	○	
	산갓김치	○	–	
	순무김치	○	–	
	물외지히	○	–	
	가지지히	○	–	
	가지외지법	○	–	
	청과장법	○	–	
	청지히법	○	–	
	즙지히방문	○	–	
	별즙지히법	○	–	
합계		54/56[2)]	23	

1) ( ) : 기록 횟수
2) 음식 항목/ 기록된 음식 횟수

3.1.3 떡류(餠餌類)

노가재공댁본에는 찐 떡, 친 떡, 지진 떡이 7종 기록되어 있었는데, 반복 기록된 것을 포함하면 모두 11회의 기록이 있었다. 국립중앙도서관본에는 증편과 대추단자 2종만 기록되어 있었다. 먼저 찐 떡은 더덕편, 두텁떡, 증편 그리고 정확히 이름을 알 수 없지만, 볶은 팥을 고물로 하는 찰시루편이 있었다. 더덕편은 더덕을 찧어 잘게 찢어 메시루떡 반죽에 섞어 고명을 박아 찌는 떡이었다. 노가재공댁본에 두텁떡은 2회 기록되어 있었는데, 앞의 기록에서는 "찹쌀가루를 반죽하여 자그맣게 뭉쳐 팥이나 밤이나 소를 넣어 대추와 밤을 썰어 묻혀 체에나 쩌내어 볶은 꿀팥을 묻히면 좋다."고 하였다. 그런데 다음 기록에서는 "조그만 시루에 안칠 때 팥을 볶아 뭉쳐 방울을 놓고, 방울 위에 가루를 덮고, 팥을 뿌려 고명을 놓고 쪄 내면 좋다. 증편 테의 반죽을 알맞게 하여 팥을 볶아 밑에 뿌린다. 반죽한 것을 켜를 놓고 팥을 뭉쳐 방울을 놓고, 그 위에 반죽을 숟가락으로나 떠서 보이도록 고명을 놓고 팥을 뿌린다. (그것을) 시루에 여럿을 포개어 쪄내면 더 좋다."라고 하여 요즈음 두텁떡을 만드는 방법과 같은 방법을 기록하였다. 저자는 '이 방법이 좋다.'라고 하였다. 증편은 노가재공댁본에는 4회 기록되어 있었으나, 네 번째는 '증편 기주하는 법'이라는 제목만 있을 뿐 내용은 유실되어 보이지 않았다. 국립중앙도서관본에는 2회 기록되어 있었다. 두 책 모두 반복된 기록이 있는 것으로 보아 당시 애용하던 떡이었음을 알 수 있다. 기록된 내용은 중복이라기보다 부족한 서술을 보충하는 개념이었다. 증편은 먼저 이틀 전에 죽을 쑤어 누룩을 더 섞어 기주가 일도록 두는데, 쌀 2되 : 술 1중발, 또는 쌀 9되 : 술 1탕기를 치고 냉수를 섞어 반죽한다고 하였다. 당시 사용한 중발이나 탕기의 정확한 양을 가늠할 수가 없어 아쉽다. 증편을 할 때 쌀가루에 끓는 물로 송편반죽 만큼 반죽을 하여 기주를 섞고, 소금은 넣지 않고 들어보아 처질만치 하면 질그릇에 담는다. 더운 데서 밤을 재워 괴면 새벽이나 아침이나 찌되 위를 많이 덮어야 좋고, 센 불에서 빨리 하여서 부풀기를 잘 한다고 하였다. 노가재공댁본의 대추단자 바로 뒤에는 "□□□□ 곰아콤 뻐흐러 출갈을 증편 반 만치 □□□□기 팟 복가 밋과 우의 쎄여 뼈 석이편쳐로 뼈 □□□□ 쓰라"라고 되어 있다. 유실된 글자가 많아 정확히 어떤 음식인지 단정할 수 없지만, 볶은 팥고물을 한 찰시루편인 것으로 추정된다.

친 떡으로는 대추단자와 밤단자가 있었다. 밤과 대추를 잘게 썰어 찹쌀가루를 알맞게 반죽하여 쪄서 석이단자처럼 베어 잣가루를 묻혀 쓴다고 하였다. 밤단자는 일부의 내용이 유실되어 정확한 내용을 파악하기 모호하지만, 《술 만드는 법》에 기록된 밤단자 만드는 법을 참고하면 밤을 삶아 거르고 찹쌀가루를 되게 반죽하여 삶아 홍두깨로 꽈리가 일게 쳐서 밤을 꿀물을 묻혀 소를 넣어 밤가루를 묻힌 떡으로 보인다. 메떡 가루에 꿀을 치고 좋은 콩을 박아서 하면 좋다고도 하였다.

지진 떡으로는 감태조악이 있었다. 감태조악을 만들 때는 감태를 여러 번 빨아 물기를 꼭 짜서 해야 부풀어 오르지 않는다고 강조하였다. 감태를 구멍떡을 섞어 익혀서 쓴다고 하였는데, 쌀에 대한 언급은 없었으나, 주악인 것으로 보아 찹쌀을 이용하였을 것으로 보인다.

3.1.4. 과정류(菓飣類)

과정류로 노가재공댁본에는 유밀과류, 유과류, 정과류, 과편류가 20종 기록되어 있었는데, 반복하여 기록된 것을 합하면 총 27회였다. 그중 11종이 국립중앙도서관본에 기록되어 있었다. 유밀과류(油蜜果類)는 약과, 만두과, 타래과, 중박계, 채소과 등 7종이었는데, 약과는 약과, 대약과와 연약과로 세분화되어 설명되었고, 연약과와 중박계는 2회 기록되어 있었다. 대약과는 유실된 부분이 많아 밀가루 5말, 꿀 1말, 흑당 5되, 기름 1말 가웃 정도만 보일 뿐이다. 두 문헌의 재료배합비가 달랐다. 노가재공댁본에서는 밀가루 반죽에 기름으로만 표기된 것에 비해 국립중앙도서관본에서는 '진유 반 쥬발 들길람 반 쥬발'이라 하여 참기름과 들기름을 반씩 섞어서 사용하고 있었다. 약과는 밀가루 1말 : 꿀 2되 : 기름 5홉 : 술 1종지의 비율로 반죽하고, 밀어서 반듯하게 썰어 지진다. 즙청 7홉만 하면 좋은데, 즙청용 꿀은 꿀 1되에 끓인 물 1종지를 타 한소끔 끓여 과즐이 더울 때 담그라고 하였다. 약과를 지지는 기름을 넉넉히 하는 게 좋은데, 5되 지지면 기름 5홉 들고, 1말 지질 때는 1되 가웃, 즉 1되 반이 필요하다고 하여 약과를 지지는데 필요한 기름의 양을 기록한 것이 특징이었다. 연약과의 2회 기록 중 앞의 기록은 유실 부분이 많아 재료의 일부만 알아볼 수 있을 뿐이었다. 노가재공댁본에서는 연약과 수원법에서 밀가루 1말 : 꿀 1되 2홉 : 참기름 8홉을 넣어 되게 반죽하고, 지져내어 즙청을 했다. 즙청된 약과에는 후춧가루와 계피와 잣가루를 뿌렸다. 약과가 잘 되고 못 되기는 반죽과 지지기에 있음을 강조하였다. 밀가루 1말에 꿀 4되, 기름 4되가 든다고 재료의 정확한 부피 양을 밝혔다. 수원에서 연약과를 만드는 방법이 유명해서인지 수원법임을 강조하였는데, 《閨閤叢書》〈청낭결(靑囊訣)〉의 동국팔도소산에는 약과는 수원의 명물임을 밝히고 있다. 또, 유밀과를 약과(藥菓)라 하는데, '밀(蜜)은 사시정기(四時精氣)요, 꿀은 온갖 약의 으뜸(百藥之長)이오, 기름은 벌레를 죽이고 해독하기 때문에 이르는 말이다.'라고 약과 명칭의 유래를 밝히고 있다. 만두과는 약과를 반죽하듯 기름을 먼저 쳐서 모양을 만든다. 소는 대추를 두드려 찌고, 밤은 삶아 걸러 계피와 후추를 넣어 벌어지지 않도록 단단히 빚어 지진다고 하였다. 타래과는 꿀물에 반죽하여 썰어서 접어 곱게 벌려 놓아 마르거든 지지는 것이 좋다고 하였다. 노가재공댁본에서 중박계는 2회 기록되어 있으나, 재료배합비는 같았다. 즉 밀가루 1말 : 꿀 2되 : 참기름 2되로 반죽하여 두껍게 밀어 써는데 반촌 너비에 길이 1치 푼씩 정도로 썰어야만 알맞다고 하였다. 즉 1.5×3.3cm 정도의 크기로 썰어야 한다는 것이었다. 지질 때는 기름이 매우 끓으면 넣어 익을 만큼 지지는데, 기름은 양이 처음 양의 반으로 줄어든다고 하였다. 채소과는 대나무 막대를 두 갈고리로 하여 붙지 않게 그 막대에 감아 번철에 뒤적여 지진다고 하여 리본 형태의 실타래 모양을 만드는 과정을 설명하였다.

유과류(油菓類)로는 감사과, 빙사과, 강정, 요화대, 연사과, 산자 6종이 기록되어 있었는데, 노가재공댁에서는 강정, 요화대, 연사과는 각각 2회씩 기록되어 있었다. 유과는 찹쌀을 쪄서 쌀알이 없도록 많이 쳐서 바탕을 만들어 말려두었다가 쓸 때 기름에 지져서 엿물을 바르고 고물을 입히는 한과이다. 찹쌀바탕을 만드는 반죽의 되기와 바탕의 크기에 따라 그 종류가 나뉜다. 《주식방문》에서 감사과는 '흰 설기 반죽보다 많이 축축하게 하고, 빈사과는 되게 한다.', 강정은 술로 반죽하는데 '주악 반죽보다 매우 누게 하고, 산자와 연사과도 강정하듯 한다.'고 하였다. 요화대 반죽은 '날물로 된수제비 반죽만큼' 하라고 하였으니, 반죽의 되기를 무른 순서부터 보면 강정 · 산자 · 연사과 > 감사과 > 사과 > 요화대 순이라 볼 수 있겠다. 감사과용 바탕은 부서지지 않을 만큼 말라야 좋은데, 물기가 많으면 만든 후 속이 비고 질겨서 좋지 않으므로 부디 말리기를 알맞게 하여야 좋다고 당부하였다. 연사과는 잣가루를 고물로 묻히고, 율란이나 조란과 같이 찬합에 담는다고 하였다. 강정용 찹쌀은 좋은 찰벼를 햇볕에 말린 것을 쓴다. 지지는 기름을 번철에 먼저 데워 그릇에 덜어 내어 강정을 넣어 덥인 후 끓는 번철에 넣어 매우 저어 다 인 후 낸다. 산자용 강반은 찹쌀을 사흘 동안 담갔다가 건져 쪄내어 보자기를 덮고, 식은 후에 덩이가 없도록 뜯어 볕에 널어 말렸다가 지져서 만들었다.

정과류(正果類)는 노가재공댁본에는 동아정과, 전동아정과, 쪽정과, 산사정과 4종이었고, 국립중앙도서관본에는 동아정과와 연동아정과만 기록되어 있었다. 동아정과와 전동아정과는 각각 2회씩 기록되어 있었다. 전동아정과는 연한 동아를 이용하는 것이고, 동아정과는 과숙하여 센 동아를 이용하는 것이 차이였다. 앞의 기록에서 동아를 사회(沙灰)에 물이 흐르도록 문질러 다시 소래기에 담아 다시 사회에 재우는 것에 비해, 뒤의 기록에서는 약과 같이 썬 동아에 사회를 떡고물처럼 묻혀 사나흘 지나 실 같은 것이 나올 때까지 두었다가 쓰는 것이 달랐다. 사회는 굴 껍데기를 불에 태워 만든 가루인데, 사회 속의 무기염과 동아의 펙틴질이 결합하여 불용성의 염을 형성하므로 단단한 질감을 얻게 된다. 앞의 기록에서는 동아를 졸일 때 새옹을 이용하고, 뒤의 기록에는 통노구를 사용하였다. 전동아정과의 동아 전처리는 푸른 껍질을 모두 벗긴 후 속을 긁어 버리고, 약과만큼 썰어 사회를 가득 푼 냉수에 이틀 동안 담그는 것이 달랐다. 동아정과를 졸일 때는 처음부터 꿀물을 가득히 하여 뭉근하게 졸여야 하는데, 졸이는 중간에 새 국을 부어 졸이면 빛이 나지 않고 물러지기 쉽기 때문이라 당부하고 있다. 전동아정과의 다른 방법에서는 생강을 넣어 졸여도 좋다고 하였다. 쪽정과는 살구 씨를 빼고 갈라서 잠깐 데친 후 꿀을 넣어 뭉근한 불에서 나른하게 익도록 살구 쪽을 뒤집어 가면 졸이는 것이다. 산사정과는 산사에 꿀을 넣어 졸인 것이다.

과편류(果片類)은 노가재공댁본에 살구편, 앵두편, 오미자편의 3종이 기록되어 있었으나, 국립중앙도서관본에는 기록되어 있지 않았다. 살구는 씨를 발라 쪄서 거르고, 앵두는 씨째로 데쳐 체에 걸러서 각각 꿀과 우무를 넣어 졸여서 만든다고 하였다. 오미자편은 오미자 물에 엉길 만큼 하여 끓여 다 되어 갈 때 연지를 넣고 하여야 곱다고 하였다. 일반적으로 과편을 만들 때 겔화제로 녹두전분을 사용하는데, 《주식방문》에서는 살구편이나 앵두편을 우뭇가사리로 만든 우무로 굳힌 것이 특이하다. 하지만 오미자편에서는 겔화제에 대한 언급은 없이 착색을 돕기 위한 연지(臙脂) 추가를 강조하고 있었다. 연지는 잇꽃과 주사(朱砂)로 만든 붉은색 물감이다. 궁중에서 각색떡을 만들어 고일 때 떡가루에 물을 들일 때나 한과류에 색을 들일 때 이용되었다(Suwon city ed. 1996).

엿 고는 법은 국립중앙도서관본에만 있었는데, 엿 2말을 하려면 좋은 엿기름을 식되로 8되를 넉넉히 넣으면 좋다고 하였다. 엿을 고기 위해 어떤 곡물을 사용하였는지는 알 수 없었고, 다만 엿기름의 양만을 강조하였다. 《是議全書》의 엿 고는 법에서는 1말을 고려면 엿기름가루를 어레미에 쳐서 찻되로 1되를 넣어 한다고 하였다. 지금은 당시의 식되나 찻되의 부피를 알 수 없지만 식되가 찻되의 $\frac{1}{4}$크기였을 것으로 짐작할 수 있겠다. 《是議全書》에서는 찹쌀을 사용하였고, 고명으로 볶은 깨, 강반, 잣, 호두 후춧가루, 계피, 건강, 대추 다진 것 등을 쓸 수 있다고 하였다.

3.1.5 주류(酒類)

술은 노가재공댁본에는 합주, 찹쌀청주, 송엽주, 소국주, 삼일주, 두견주로 6종과 술밑을 만드는 서김방

표 4 **노가재공댁본과 국립중앙도서관본 《주식방문》에 기록된 떡류와 과정류 비교**

분류		음식명	노가재공댁본	국립중앙도서관본	비고
떡류	찐 떡	증편	○(4)[1]	○(2)	
		두텁떡	○(2)	–	
		더덕편	○	–	
		□□□	○	–	
	친 떡	대추단자	○	○	
		밤단자	○	–	
	지진 떡	감태주악	○	–	
합계			7/11[2]	2/3	
과정류	유밀과류	대약과	○	○	
		약과법	○	○	
		연약과	○(2)	○	수원법
		타래과	○	○	
		중박계	○	–	
		만두과	○	–	
		채소과	○	–	
	유과류	감사과	○	○	
		빙사과	○	○	
		강정	○(2)	○	
		요화대	○(2)	○	
		산자	○	–	
		연사과	○(2)	–	
	정과류	동아정과법	○(2)	○	
		연동아정과	○(2)	○	
		쪽정과	○	–	
		산사정과	○	–	
	과편류	살구편	○	–	
		앵두편	○	–	
		오미자편	○	–	
	당	엿 고는 법	–	○	
합계			20/27	11	

1) ( ) : 기록 횟수
2) 음식 항목/기록된 음식 횟수

문이 기록되어 있었다. 일반 양조주가 4종, 솔잎을 넣은 약용주(藥用酒)가 1종, 두견화를 넣은 가향주(佳香酒)가 1종이었다. 찹쌀청주, 송엽주, 소국주, 삼일주는 단양주(單釀酒), 누룩 외 서김이 함께 들어간 합주는 이양주(二釀酒), 두견주는 삼양주(三釀酒)였다. 국립중앙도서관에서는 청명주, 삼해주, 백화춘술방문, 칠일주, 연일주, 송순주 6종이 기록되어 있었다. 음식에서 두 책이 중복되는 내용이 많았으나, 술방문은 전혀 중복되지 않았다. 일반양조주가 5종, 송순을 넣은 약용주가 1종이었는데, 송순주는 혼성주였다. 노가재공댁본의 주조법은 단양주가 많았으나, 국립중앙도서관본은 청명주, 백화춘, 칠일주, 연잎주는 이양주이고, 삼해주는 삼양주였다. 노가재공댁본에 기록된 두견주는 먼저 정월 해일에 백미가루, 물, 누룩가루, 밀가루를 섞어 술밑을 빚는다. 2월 그믐~3월 초생에 다시 백미와 찹쌀을 소국주 밥같이 되직이 찐다고 하였는데, 이때 《술 만드는 법》에서는 찹쌀과 멥쌀을 깨끗이 쓿어 불린 후 시루에 흰쌀은 밑에 안치고 찹쌀은 위에 안쳐서 찐다고 하였다. 다른 문헌들에 기록된 두견화는 이양주가 주를 이루는데, 《주식방문》에서는 덧술에 두견화를 넣고, 열흘 후 술이 말갛게 괴어 꽃과 밥알이 위에 떠오른 후 다시 찹쌀을 쪄서 넣고 덧술을 다시 하는 방법이 달랐다. 《酒食是儀》에는 두견주의 "빛이 곱고 맛이 기이하니 술 가운데 상품이다."라고 하여 진달래가 피는 춘삼월 빛과 향으로 마시는 술을 즐겼음을 알 수 있다. 송엽주는 백미가루에 솔잎을 먼저 한 벌 끓여 물을 버리고, 다시 물 6말 부어 2말 되게 달인 물에 개어 누룩을 섞어 넣어 두었다가 세이레(27일) 후 먹으라고 하였다. 이 송엽주는 배의 냉기 있는 사람과 바람증 있는 사람에게 좋은 약주(藥酒)임을 명시하였다.

서김은 발효용 스타터(starter)이다. 술을 빚을 땐 술밑으로, 증편이나 상화를 만들 때는 발효제 역할을 하였다. "여름철에 쌀을 빻아 항아리에 넣고, 끓는 물을 부어 흔들어 따라버리고, 뚜껑을 덮어 더운 방에 놓아두었다가 이튿날 아침에 내어 흰죽을 되게 쑨다. 죽을 방고리에 퍼서 많이 개어 싸늘하게 식으면 누룩과 먼저 만든 서김을 조금 넣어 따뜻한 곳에 두고 만든다고 하였다." 서김의 용도로 증편과 상화에도 좋다고 하였다. 곡물을 가루로 내고 죽을 쑤어 누룩과 섞어 알콜발효가 빠른 시간 내에 이루어지도록 한 방법이다.

삼해주(三亥酒)는 정월 첫 해일에 백미 2되 5홉을 담갔다가, 가루 내어 풀떼를 쑤어 식힌 후에 누룩가루 1되, 밀가루 1되 섞어 버무려 넣는다. 다시 2월 첫 해일에 백미로, 또 3월의 해일에 백미로 덧술을 하여 마시는 술이었다. 송순주는 백미로 풀떼를 쑤고, 섬누룩을 넣어 버무려 두었다가 밑술이 되면 찹쌀밥과 가루누룩을 넣고 버무리며, 송순을 켜켜 두었다가 삼칠일이 되면 위를 걷어내고 백소주를 부어 이칠일이 지나 맛이 들면 마시는 술이었다.

3.1.6 양념류

양념류로 노가재공댁본은 간장 1종, 집장 1종, 고추장 1종, 식초 2종으로 총 5종이 기록되어 있었는데 고추장은 3회 기록되어 있었다. 간장은 청장법이라 하였는데, 특히 송도법이라 하여 송도지역에서 비법을 기록하였다. 국립중앙도서관본에서는 청장과 집장 만드는 법만 기록되어 있고, 식초를 만드는 법에 대한 내용은 없었다.

먼저 청장을 만드는 법은 '메주 1말 : 물 1동이 : 소금 5되'의 비율로 담아 그늘에 두었다가 맛이 달고, 소금 맛이 덜해지면 위에 낀 '니불'을 걷고, 시루에 밭쳐서 간장만 뭉근한 불에서 양이 $\frac{1}{3}$이 되도록 달여야 빛이 곱고 두어도 상하지 않는다고 하였다. 간장을 담그는 시기는 9~10월이 좋고, 극한(極寒)과 극열(極熱)에는 못 담근다고 하였다. 마지막에 "찌꺼기는 소금 섞어서 띄워 먹는다."고 하여 된장을 만드는 법까지 설명하였다. 즙장은 7월 보름이 지난 망후(望後)에 메주를 만드는데, 찐콩 1말 : 밀기울가루 3말 : 물 : 누룩 2되'를 섞어 쪄서 나른하게 찧어 북나무 잎을 놓아 띄운다. 항아리에 이 메주가루 1말, 소금 3홉, 말린 가지와 외, 동아와 박을 틈 없이 넣고, 가지 잎으로 위에 여러 번 덮어 유지로 싸매고, 솥뚜껑을 덮고, 흙을 바른다. 두엄 가운데를 헤쳐 풀을 베어 덮고 항아리를 드려놓아 발효를 시킨다. 6~7일 정도 걸리는데, 이때 두엄의 온도가 중요하였다. 그래서 '두엄이 삭거나 마르거나 하면 낮에 여러 번 물을 길어 두엄 위에 부으면 쉽게 뜬다.'고 하였다. 즙장을 만드는 시기는 《음식책》은 《주식방문》과 같이 7월이었으나, 《음식방문》은 8월, 《蘊酒法》에서는 4-5월에 한다고 하여 차이를 보였다. 메주를 띄울 때 《蘊酒法》에서는 닥나무를 이용하는 것이 달랐다. 《음식방문》에서는 메줏가루 외 말린 채소를 넣을 때 풋고추, 마늘, 생강 등을 더 추가하였으며, 항아리에 재료를 넣고 두껍게 덮는 과정에서 콩잎을 사용하였다.

고추장은 처음 기록에서는 '굵은 메주가루 1말 : 고춧가루 3홉반 : 콩가루 3되 : 깨소금 3되 : 소금 2되가웃'을 넣어 만드는데 질고 되기는 상인의 된콩죽만치 하면 좋다고 하였다. 두 번째 고추장 기록에서는 처음의 레시피가 마땅하지 못했는지 먼저 "고초장 이 법이 나으니라"라고 하며 '메주가루 1말 : 고춧가루 7홉 : 콩가루 2되 : 깨 5홉 : 후춧가루 1술 : 꿀 3홉 : 찹쌀가루 7홉'의 비율로 만들면 좋다고 하였다. 깨의 양이 1/6로 줄면서 꿀과 찹쌀이 더 첨가된 배합비이다. 세 번째 기록에서는 '메주 1말 : 기름 2되 : 후춧가루 5홉 : 천초 1홉 : 포육가루 : 고춧가루는 짐작하여' 넣어 간장물로 반죽하여 담는다고 하여 앞의 두 가지 방법과는 달리 포육가루가 들어간 별미고추장을 만드는 방법이었다. 고추장 만드는 법을 세 번이나 기록했지만 기록된 음식에서는 문주를 만드는 법에서만 고추장이 활용되었다.

식초는 대추초와 도라지초를 만드는 법이 기록되어 있었다. 대추초는 먼저 초를 담갔던 항아리에 반만 익은 대추를 넣고 물을 잠길 만큼 붓고 손으로 눌러보아 밥 안치듯이 손등에 물이 오르게 하여 싸매어 둔다. 여러 날이 되어 골마지가 끼고 쉰내가 나기 시작하면, 대추 3되 : 쌀 1되로 밥을 지어 식힌 후 누룩 1되를 섞어 술을 빚는다. 술이 괴어 멀겋게 되면 대추 1되를 더 넣어 만들었다. "오랜 두면 가라앉아 맑으며, 시고 좋다."고 하였다. 식초를 뜨고 나서 또 맑은 술 붓고 후주(後酒)도 있으면 부어 쓰다고 한 것으로 보아 완성된 대추초 항아리에 후주가 생길 때마다 계속해서 이용한 것으로 짐작된다. 도라지초는 껍질을 벗겨서 말린 도라지에 노랗게 구운 누룩 3~4조각, 대추 1줌을 넣고 술을 가득 부

표 5 **노가재공댁본과 국립중앙도서관본 《주식방문》에 기록된 양념류 비교**

	음식명	노가재공댁본	국립중앙도서관본	비고
장류	청장법	○	○	송도법
	즙장방문	○	○	
	고추장법	○(3)[1]	-	
식초류	대추초 만드는 법	○	-	
	도라지초 만드는 법	○	-	
합계		5/7[2]	2	

1) ( ) : 기록 횟수
2) 음식 항목/ 기록된 음식 횟수

어 삼칠일을 두었다가 보면 식초가 된다고 하였다.

3.2 식품 및 그 가공품

《주식방문》에 기록된 곡류는 백미, 쌀 또는 떡쌀을 포함한 멥쌀이 가장 많았고, 찹쌀, 가을보리 등이 사용되었다. 곡류 가공품으로는 흰죽, 흰떡, 찹쌀가루, 심, 밀가루, 밀기울, 녹말, 수면, 국수, 누룩, 엿기름이었다. 밀가루는 밀가루, 진가루, 진말 등으로 혼용되어 표기되어 있었다. 밀가루는 콩국수, 편수, 수교의, 연약과, 약과 등의 주재료로 쓰였고, 붕어찜, 양찜, 물가지찜, 송이찜, 금화탕, 잡산적 등의 부재료로 사용되었다. 누룩은 누룩가루과 섬누룩으로 기록되어 있었다. 서류로는 토란이 유일하였다. 두류는 콩과 팥이 있었고, 이를 이용한 메주와 두부가 이용되었다. 채소류는 외, 동아, 무, 생강, 마늘, 파, 미나리, 숙주, 배추, 무, 호박, 가지, 고추, 박 등이 있었다. 외와 동아는 늙은 외와 젊은 외 또는 연동아 센동아 등으로 표현되어 과채의 숙성 정도에 따른 쓰임에 차등을 둔 것을 알 수 있었다. 외는 노가재공댁본에서 청과장, 청지히, 외침채, 가지외지, 과동외지, 물외지이 등의 주재료이며, 즙지히나 생치김치의 부재료로 사용되어 당시 침채류의 중요한 재료임을 알 수 있었다. 청과장용은 어린 외를, 청지히용은 8월 20일경의 외를, 물외지이용은 찬이슬 맞은 외를, 과동외지는 겨울을 나기 위한 늦가을의 외를 이용하여 외가 열리기 시작하는 여름부터 늦가을까지의 외를 시기별로 다양하게 이용한 것을 알 수 있었다. 동아는 전동아찜, 동아선, 겨자선, 동아정과 등에 이용되었다. 배추는 배추선이나 찜, 만두의 부재료로 활용되었다. 박과 호박은 말려서 오가리로 이용하였으며, 고추는 실고추로도 활용되었다. 파, 마늘, 생강, 미나리 등의 향신채소의 사용이 빈번하였다. 버섯류로는 송이, 석이, 표고가 이용되었다. 송이찜을 만들 때의 송이는 동자송이라 하여 덜 자란 어린 송이를 이용했다. 과실류로 대추, 밤, 살구, 앵두, 산사, 오미자, 잣 등이 있었다.

수육류로 쇠고기, 돼지고기가 이용되었는데, 살코기뿐만 아니라 소의 골이나 간, 양 그리고 돼지의 새끼집 등과 같은 부산물도 많이 이용되었다. 《주식방문》에는 소의 양을 이용한 찜이 세 가지나 설명되어 있다. 조리법도 유사하여 손질한 양에 닭을 넣고 감싸서 무르게 고는 형태인데, 부재료의 종류에 따라 음식명을 달리하고 있다. 소의 위는 4개의 주머니로 되어 있다. 양은 그 첫 번째 위이다. 소 위의 약 80%를 차지하기 때문에 부피가 크다. '깃머리' 또는 '양깃머리'는 양을 받치고 있는 근육조직으로, 거칠고 단단한 근섬유다발이다. 탄력적인 결체조직과 조화를 이루고 있어 쫄깃한 식감과 풍미가 있다. 양은 국이나 탕에, 얇게 썬 양깃머리는 구이에 사용되었다. 《東醫寶鑑》에는 양이 기운을 돋우고 비장과 위를 튼튼하게 한다고 하였는데, 단백질 함량이 높아 예로부터 보양이나 치료식으로 애용되었다. 《高麗史》에서도 소의 양을 먹었다는 기록이 있고, 조선시대 유생들은 원기 회복을 위해 양즙이나 양탕, 양찜 등을 즐겨 먹었다고 한다(Ju & Kim 2012). 저편, 저육장방, 북경시시탕은 돼지고기를 주재료, 굴탕, 북경분탕, 간막이탕, 청어소탕, 열구자탕, 국수비빔, 냉만두, 냉면, 떡볶이는 부재료로 활용한 음식이었다. 조육류는 닭고기와 꿩고기가 이용되었는데, 천초계, 그저초계탕, 오계찜, □□계법, 칠계탕, 닭탕법, 금화탕, 닭회, 칠영계, 진주탕 등은 닭고기를 주재료 활용하였고, 붕어찜, 간막이탕, 양찜 하는 법, 열구자탕, 간 지지는 법에서는 부재료로 이용되었다. 꿩고기는 생치김치, 생치만두, 생치찜으로 이용하였는데, 붕어찜, 게탕, 진주탕, 열구자탕 등의 부재료로 사용되기도 하였다. 달걀은 난느르미에는 주재료로, 기타 다양한 음식에서 전을 부치기 위한 부재료나 고명용 지단으로 사용되었다. 어패류로는 붕어, 청어, 게, 굴, 해삼, 전복 등이 이용되었는데, 청어는 청어알과 이리도 사용되었다.

양념류로 간장, 소금, 고추장, 꿀, 흑당, 조청, 천초, 후추, 기름, 참기름, 후춧가루 등이 사용되었다. 간장은 '지령, 초지령, 지령물' 등으로 표기되어 있었다. 기름은 '길럼, 기람, 길람' 등으로 혼용되어 표기되어 있었다. 또 양념, 갖은양념, 초간장, 초장, 양념간장, 유장 등의 복합양념장과 소금물, 장국, 간장국, 젓국, 깻국, 가루즙 등도 기록되어 있었다.

3.3 조리법

《주식방문》에 기록된 조리방법 중 이물질을 제거하기 위한 세척방법으로는 '씻다, 헹구다, 닦다'와 같은 표현이 있었다. 침지하는 방법에는 '담그다, 불리다, 우리다' 등이 있어 이미(異味)나 이취(異臭)를 제거하거나 핏물이나 염분기를 없애는데 이용되었다. 써는 방법으로 '썰다, 자르다, 채치다, 저미다, 베다, 두드리다, 오리다, 긋다, 찢다, 뜯다, 가르다, 다지다, 이기다, 깎다, 뜨다'의 표현이 있었다. 썰 때는 '가늘게, 팥알만큼, 모나게, 곱게, 굵게, 갸름하게, 넙죽넙죽, 어슷하게, 납작납작, 손가락 길이만큼, 얇게, 돈짝만큼, 나른하게, 조각조각, 가장자리를, 열십자로, 실같이' 등과 같이 크기나 모양을 설명하였다. 닭고기나 꿩고기의 경우 두 다리를 분리하는 방법으로 사지를 뜬다고 하였다. 교반과 혼합을 위해서는 '섞다, 젓다, 풀다, 합하다, 만두소 만들다, 반죽하다, 버무리다, 주무르다' 등의 표현을 사용하였다. 분쇄를 위해서는 '가늘게 갈다, 백세작말하다' 등으로 표현하였다. 모양을 만들기 위해 '빚다, 집는다, 주름잡다, 엉기게 하다, 굳히다, 뭉치다, 쥐다, 꿰다' 등의 표현이 있었는데, 떡이나 만두, 메주를 만들 때의 모양을 설명하였다. 압착과 여과를 위해서 '체치다, 거르다, 밭치다, 찧다, 물기를 빼다' 등이 있었다. 차게 식히기 위해 '싸늘하게, 얼음 같이'와 같은 표현이 있었다. 냉만두는 여름에 먹는데 얼음에 차게 식힌다고 하여 여름철 얼음을 이용한 사실을 확인할 수 있었다. 조선시대에는 서울에 서빙고(西氷庫)와 동빙고(東氷庫)가 있었다. 서빙고의 얼음은 왕실과 고급 관리들에게 나누어주는 용으로, 동빙고는 왕실의 제사에 필요한 얼음을 공급용이었다. 당시 얼음 채취는 매년 1월 소한과 대한 사이에 뚝섬 근처에서 주로 이루어졌다. 석빙고에 넣어둔 얼음은 양력 3월 말인 춘분(春分)일에 개빙제(開氷祭)를 열어 출하했는데, 《經國大典》 〈예전(禮典)〉의 '반빙(頒氷)' 조에는 얼음의 공급 및 사용처를 법규로 규정하고 있었다. 얼음은 음력 6월에 여러 관사와 종친 및 정3품 이상 관리, 내시부의 당상관, 70세 이상의 퇴직 당상관에게 얼음을 나누어 주었다. 또한 활인서의 병자들과 의금부, 전옥서의 죄수들의 건강을 위해서도 지급하였다. 얼음을 받은 개인은 단기간 얼음을 보관할 창고를 두고 제사 등에서 사용했다(Kim 2011). 18세기 영 · 정조 시대 이후에는 물동량의 왕래가 많았던 한강변을 비롯하여 전국 각지에 생선 보관용 얼음을 공급하던 개인 빙고가 존재했던 것으로 전해진다.

조미를 위해 '양념하다, 치다, 타다, 붓다, 말다'와 같은 표현이 있었으며, '꿀을, 기름을. 간장을, 장국에' 등으로 구체적인 조미료를 나타내는가 하면, '삼삼하게, 간간이, 슴슴하게, 간맞추어, 염담이 맞거든, 알맞게, 맑게, 밀가루를 걸게, 넉넉히' 등으로 간의 정도를 나타내기도 하였다. 그 외의 표현으로 '쓿다, 깨다, 굴리다, 호다, 끼얹다, 덮다, 곁들여 담다, 바르다, 걷다, 괴다, 일다' 등이 있었다. 쓿다는 곡식을 찧어 겨층을 벗기고 도정하여 깨끗하게 하는 것을 말한다. 호다는 소양을 이용한 조리에서 닭이나 부재료를 양으로 쌀 때 바늘을 이용하여 꿰매는 표현으로 쓰였다. 괴다나 일다는 술을 빚을 때 알콜 발효의 정도나 증편을 만들 때 기주에 의한 부피 팽창에서 쓰였다.

가열조리법은 습열조리가 압도적으로 많았다. 습열조리 방법에는 식품에 물을 부어 가열하는 고다, 달이다, 끓이다, 데치다, 삶다, 쑤다, 짓다, 졸이다가 가장 많았고, 찌거나 중탕을 하기도 하였다. 습열조리이나 '익히다' 라고만 기록되어 있는 경우도 있었다. 건열조리는 소량의 기름을 이용하는 지지는 방법이 가장 많았고, 부치다, 볶다, 굽다 등의 방법을 활용하였다.

3.4 계량도구와 조리기구

계량은 부피, 무게, 길이, 수량 단위 등이 있었다. 부피 계량의 도구로는 홉, 되, 말, 술(숟가락), 종지, 중발, 탕기, 양푼, 동이, 병 등이 있었다. 홉은 합(合)으로도 부르며, 180mL 정도의 부피이다. 1되(升)의 1/10에 해당되며, 곡식, 가루, 액체 등을 재는 단위로 쓰였다. 되는 국립중앙도서관본에서는 식되와 장되가 있었다. 식되는 가정에서 곡식을 될 때 쓰는 작은 되로 가승(家升)이라고도 한다. 장되는 시승(市升)이라고도 하는데, 시장에서 곡식을 판매할 때 쓰는 용도로 관아에서 공인된 낙인을 찍은 것을 말한다(NAVER 2016). 1말(斗)은 18L 정도의 부피로, 1섬의 1/10에 해당되는 양이다. 땅을 세는 단위인

마지기는 1말의 씨앗을 뿌려 농사를 지을 만한 넓이의 땅을 말한다. 말의 정확한 양은 시대에 따라 변하여 왔는데, 백제 근초고왕 당시에는 1말이 약 2L였다고 한다(The academy of Korean studies. 2016). 중발(中鉢)은 조그마한 주발인데, 수량을 나타내는 말 뒤에 쓰여 액체의 분량을 세는 단위로 쓰였다. 양푼은 음식을 담거나 데우는 데에 쓰는 놋그릇으로, 운두가 낮고 아가리가 넓어 모양이 반병두리 같거나 더 컸다. 동이는 아가리가 넓고, 둥글고 배가 부르며, 양옆에 손잡이가 달린 질그릇이나 오지그릇을 말한다. 물을 길어 나르므로 흔히 물동이라고도 부른다. 크기는 대두(大斗) 1말들이가 보통이어서 액체를 셈하는 기준도 되었다(The academy of Korean studies. 2016).

냥은 무게 단위로 사용되었고, 길이 단위로는 치와 푼이 있었다. 치는 촌(寸)이라고도 하는데, 미터법으로 약 3.03cm에 해당한다. 1치의 10배가 1자(尺), 즉 30.3cm가 된다. 분(分) 또는 푼은 도량형에서 가장 작은 단위인 1/10을 의미했다. 길이의 단위로 쓰일 때 1치는 10푼이었다(The academy of Korean studies. 2016). 기타 수량을 나타내는 단위로 개, 줌, 보, 마리 등이 쓰였다. 줌은 수량을 나타내는 말 뒤에 쓰였는데, 주먹의 준말이다. 즉 한 손에 쥘 만한 분량을 세는 단위이다.

조리도구와 기구 중 식기는 종지, 행기, 열구자그릇, 질소라, 놋그릇이 사용되었다. 행기는 놋쇠로 만든 그릇을 의미한다. 숟가락, 칼, 체, 깁체, 어레미, 굵은체, 베거미, 시루, 증편테 등의 일반조리도구가 사용되었다. 체는 메시(mesh)의 크기에 따라 가장 고운 깁체, 굵은 어레미 등이 구분되어 사용되었다. 깁체는 깁으로 쳇불을 메운 체이다. 깁은 명주실로 바탕을 조금 거칠게 짠 비단을 말하는데, 발이 가늘어서 고운 가루를 치는 데 사용되었다. 어레미는 그물모양으로 성기게 짠 구멍이 굵은 체를 말한다. 베거미는 산자를 할 때 찹쌀바탕을 튀기는 튀김망으로, 베보자기 양쪽에 대나무 막대기를 걸어 사용하는 도구이다. 유사한 것으로 《閨閤叢書》에서는 굵은 베 1척 1폭을 네 귀를 매서 싸리로 맨 '부득이'를 사용한다고 하였다. 가열도구로는 새옹, 노구, 통노구, 솥, 솥뚜껑, 번철 등이 이용되었다. 새옹은 놋쇠로 만든 작은 솥으로, 배가 부르지 않고, 바닥이 편평하며, 전과 뚜껑이 있다. 흔히 밥을 지어서 그대로 가져다가 상에 올려놓는다. 노구는 놋쇠나 구리쇠로 만든 작은 솥으로, 자유롭게 옮겨 따로 걸고 쓸 수 있는 것이 특징이다. 번철(燔鐵)은 전을 부치거나 고기 따위를 볶을 때에 쓰는데, 솥뚜껑처럼 생긴 무쇠 그릇이다.

쟁반과 왜반은 운반도구이다. 쟁반(錚盤)은 운두가 얕고 동글납작하거나 네모난, 넓고 큰 그릇이다. 목재, 금속, 사기 따위로 만들며 보통 그릇을 받쳐 드는 데에 쓰였다. 왜반은 일본사람들이 쓰던 짧은 다리가 달린 소반의 일종을 말하는 것인지, 나무나 쇠붙이 따위를 둥글고 납작하게 만들어 칠한 예반의 오기인지는 알 수 없다. 저장용 보관도구로 항아리, 독, 버들그릇, 방구리 등이 있었다. 버들그릇은 키버들을 엮어서 만든 것이다. 버드나무 중 강물이 들락거리는 '개'에서 잘 자라는 갯버들과 비슷한 종류로, 털이 없고 가끔 마주보기로 달리는 잎이 섞여 있는 키버들이 있다. 이 키버들은 고리버들이라고도 하는데, 쉽게 휘고 질긴 것이 특징이다(Kim 2013). 우리 선조들은 키버들 가지를 엮어서 옻상자

(고리), 키, 광주리, 동고리, 반짇고리 등의 생활용품을 만들어 썼다. 방고리는 주로 물을 긷거나 술을 담는 데 쓰는 질그릇으로, 모양이 동이와 비슷하나 좀 작았다. 그 외 메주나 누룩을 띄우거나 효율적인 조리를 위해 삼베로 만든 보자기인 베보, 헝겊, 행주, 유지, 구리돈, 주석, 자물쇠, 수수대, 싸릿대, 바늘, 돌, 거적, 헌 멍석 등이 역할을 하였다.

Ⅳ. 결론 및 요약

《주식방문》이라는 책이름으로 전해지는 한글음식조리서는 노가재공댁본과 국립중앙도서관본이 있다. 노가재공댁본은 유와공종가의 유품으로 출처가 명확한 데 비해 저자나 저술연대가 불분명하고, 국립중앙도서관본은 저자는 미상이지만, 정미년 이월에 베껴 썼다고 하여 저술시기가 명확한 것이 특징이었다. 기록된 양으로는 노가재공댁본이 두 배 정도 많은 분량이고, 국립중앙도서관 그 내용의 85.42%가 노가재공댁본과 같았다. 다만 두 책에는 각각 술이 6종씩 기록되어 있었는데 하나도 겹치지 않았다. 기록된 한글로 보아 노가재공댁본이 더 앞선 것으로 생각되나, 국립중앙도서관본이 노가재공댁본을 보고 베꼈는지는 단언할 수 없다. 노가재공댁 《주식방문》에는 총 104종의 음식이 118회, 국립중앙도서관본은 총 50종의 음식이 51회 기록되어 있었다. 본문의 내용은 침채류, 양념류, 찬물류, 과정류 등의 기술 순서가 일관되지 않아 필자가 틈틈이 생각나는 대로 기록한 것으로 보였고, 음청류에 대한 기록은 없었다. 조리법으로는 특히 찜이 많았다. 식품으로 닭고기를 주재료로 한 음식이 10가지로 가장 많았고, 부재료로도 애용되었다. 그 외 동물성 식품으로는 돼지고기와 꿩고기가, 식물성 식품으로는 파, 생강, 외, 동아가 많이 쓰였다. 노가재 연행록의 영향인지 두 책 모두 북경시시탕과 북경분탕과 같이 청나라에서 경험한 음식이 기록되어 있었고, 노가재공댁본에서는 청장송도법, 연약과 수원법 같은 향토음식이 언급된 점으로 보아 다른 지역의 음식을 수용하고, 적극 활용하여 식생활에 반영하였던 것으로 보인다. 또 다른 반가의 조리서에는 없는 간막이탕이나 냉만두가 기록되어 있었는데, 간막이탕은 궁중잔치에 쓰였던 음식으로 궁중음식과 교류를 하였음을 짐작할 수 있었다. 또한 계탕이나 닭회는 접빈객을 위한 좋은 술안주임을 강조하였다. 국립중앙도서관본에서는 부피 측정을 위한 도구인 되를 식되나 장되로 정확히 구분하여 재료배합비를 정확히 기록하려는 노력을 하였다.

노가재공댁본과 국립중앙도서관본의 《주식방문》은 1800년대 이후 조선의 음식문화를 잘 보여주는 음식조리서였다. 19세기 초반 《閨閤叢書》 이후 음식조리서들은 비슷한 내용들을 서로 베껴가며 조리법을 계승 전수하려고 노력하였던 것으로 보인다. 4종의 이본이 있지만 그 내용이 다른 《음식방문》과는 달리 《주식방문》은 상당히 많은 내용이 공통성을 가지고 있는 것을 확인할 수 있었다.

참고문헌

단양댁. 1800's. 음식책

백두현. 2014. 《주식방문》의 해제. 국어사학회 강독회 4. pp.1-7

憑虛閣 李氏. 1815. 閨閤叢書. 정양완 편역. 1987. 보진재. pp.37-130, 425

憑虛閣 李氏. 1869. 간본규합총서

憑虛閣 李氏. 1910. 婦人必知). 이효지, 한복려, 정길자, 조신호, 정낙원, 김현숙, 최영진, 유애령, 김은미, 원선임, 차경희 편역. 2010. 교문사. pp.135-193

안동 장씨. 1670. 음식디미방

園幸乙卯整理儀軌(1795). 수원시 편역. 1996. http://ebook.suwon.go.kr/home/index.php. Accessed June 11. 2016

저자 미상. 1700초. 酒方文. In : 이효지, 한복려, 정길자, 정낙원, 김현숙, 최영진, 유애령, 김은미, 원선임, 차경희 편역. 2013. 교문사. pp.116-140

저자 미상. 1854. 尹氏飮食法

저자 미상. 1800년대. 酒食方文

저자 미상. 1800년대 말엽. 李氏飮食法

저자 미상. 1800년대 말엽. 술 빚는 법

저자 미상. 1800년대 말엽. 술 만드는 법

저자 미상. 1800년대 말엽. 醞酒法

저자 미상. 1800년대 말엽. 酒食是儀

저자 미상. 1800년대 말엽. 禹飮諸方

저자 미상. 1800년대 말엽. 음식방문

저자 미상. 1800년대 말엽. 是議全書. 이효지, 조신호, 정낙원, 김현숙, 최영진, 유애령, 김은미, 백숙은, 원선임, 김상현, 차경희, 백현남 편역. 2004. 신광출판사. pp.168-246

저자 미상. 1894. 閨壼要覽

한국고전번역원. 한국고전종합DB. Available from: http://www.itkc.or.kr. Accessed July 10. 2016

許浚. 1610.《東醫寶鑑》. 동의연구회. 2012. 부민문화사. p.1883

洪錫謨. 1849. 《東國歲時記》. 이석호 편역. 1969. 을유문고. pp.73-74

Cha GH. 2003. A study on regional food in the middle of Chosun dynasty though Domundaejac. J. Korean Soc. Food Cult., 18(4):379-395

Cha GH. 2012. Food Culture of the late Chosun dynasty in 『Jusiksiui(酒食是儀)』 J. Korean Soc. Food Cult., 27(6):553-587

Cha GH. 2013 Sadaebuga(士大夫家)' s Food through the Ancient Writings in Chosun dynasty. Korean society of Food culture-Symposium the autumn. J. Korean Soc. Food Cult. Sourcebook, pp.11-35

Cha GH, Yu AR. 2014 Culinary review of 『Eumsiggangmum』. Korean J. Food Cook. Sci. 30(1):92-108

Kim HS, Jung SH. 2003. Ancient Writings Timber 64th. The academy of Korean studies, Sungnam, Korea, pp.3-32

Wimmer. R. D., Dominick. J. R. 1994, Research methods of mass media, In:Yu JC, Kim DK editor, 1995, Nanam, Seoul, Korea, p.197

Ju ST, Kim GD. 2012. NAVER Knowledge, Encyclopedia http://terms.naver.com/entry.nhn?docId=1711617&cid=48180&categoryId=48246 Accessed July 8. 2016

Kim WM, 2011. NAVER Knowledge, Seokbinggo, http://navercast.naver.com/contents.nhn?rid=141&contents_id=6515. Accessed July 8. 2016

Kim JW. 2013. Korea Plant in becoming a mirror. http://terms.naver.com/entry.nhn?docId=2430836&cid=46686&categoryId=46694. Accessed July 20. 2016

NAVER dictionary. 2016. http://krdic.naver.com/detail.nhn?docid=23665200 Accessed July 8. 2016

The academy of Korean studies. 2016. Encyclopedia of the Korean.http://terms.naver.com/entry.nhn?docId=544684&cid=46637&categoryId=46637. Accessed July 8. 2016

The academy of Korean studies. 2016. Encyclopedia of the Korean.http://terms.naver.com/entry.nhn?docId=553639&cid=46660&categoryId=46660. http://terms.naver.com/entry.nhn?docId=530023&cid=46637&categoryId=46637Accessed July 12. 2016

찾아보기

저자 소개

우리음식지킴이회

우리음식지킴이회는 옛 문헌을 중심으로 한국전통음식문화를 연구하는 모임이다.
옛 자료들에 기록된 전통음식 재현과 연구를 통하여 사라져 가는 한국음식문화 원형을 알고,
바른 전승과 세계화를 위한 한국음식문화의 발전에 일익이 되고자 한다. 2000년부터 한양대학교
이효지 교수를 중심으로 하여 각 분야에서 활동 중인 제자들이 모여 정기적으로 공부를 하기 시작하여
어느덧 10여 년이 넘는 시간이 지났다. 그동안 전문 학술지에 조선시대 음식문화 연구에 대한 여러 편의
논문을 발표하였고, 《시의전서》, 《임원경제지》, 《부인필지》, 《주방문》, 《음식방문》 등을 현대어로 번역하고
음식을 재현하여 단행본으로 출간하였다. 또, 조선시대 고조리서에 나타난 식문화 원형 개발을 디지털
문화콘텐츠로 제작하기도 하였다. 이번에는 《주식방문》을 발간하게 되었다. 앞으로도 지속적으로
고조리서를 보존, 연구, 개발하여 한국음식문화를 계승 발전을 위해 노력하고자 한다.

편역

이효지 한양대학교 명예교수
정길자 (사)궁중병과연구원 원장
한복려 (사)궁중음식연구원 원장
김현숙 우송대학교 글로벌한식조리전공 교수
유애령 한국학중앙연구원 전문위원
최영진 가톨릭관동대학교 가정교육과 교수
김은미 김포대학교 호텔조리과 교수
차경희 전주대학교 한식조리학과 교수

주식방문

2017년 1월 2일 초판 인쇄 | 2017년 1월 9일 초판 발행

편역 이효지 외 | **사진** 최동혁 | **펴낸이** 류제동 | **펴낸곳** **교문사**

편집부장 모은영 | **디자인** 신나리 | **본문편집** 벽호미디어

제작 김선형 | **홍보** 김미선 | **영업** 이진석·정용섭·진경민 | **출력·인쇄** 동화인쇄 | **제본** 한진제본

주소 (10881)경기도 파주시 문발로 116 | **전화** 031-955-6111 | **팩스** 031-955-0955

홈페이지 www.gyomoon.com | **E-mail** genie@gyomoon.com

등록 1960. 10. 28. 제406-2006-000035호

ISBN 978-89-363-1594-8(93590) | 값 23,300원